物的符号学研究

——作为功能物和情景物的啤酒

田沐禾　著

中国海洋大学出版社

·青岛·

图书在版编目（CIP）数据

物的符号学研究：作为功能物和情景物的啤酒/田沐禾著.--青岛：中国海洋大学出版社，2022. 11

ISBN 978-7-5670-3331-3

I. ①物… II. 郑田… III. ①啤酒－符号学－研究
IV. ① TS262.5 ② H0

中国版本图书馆CIP数据核字（2022）第221528号

物的符号学研究——作为功能物和情景物的啤酒
WU DE FUHAOXUE YANJIU —— ZUOWEI GONGNENGWU HE QINGJINGWU DE PIJIU

出版发行	中国海洋大学出版社
社　　址	青岛市香港东路 23 号　　邮政编码　266071
出 版 人	刘文菁
网　　址	http://pub.ouc.edu.cn
电子信箱	1774782741@qq.com
责任编辑	邹伟真　　　　　　电　　话　0532－85902533
印　　制	日照报业印刷有限公司
版　　次	2022 年 11 月第 1 版
印　　次	2022 年 11 月第 1 次印刷
成品尺寸	185 mm × 260 mm
印　　张	11. 25
字　　数	230 千
印　　数	1～600
定　　价	59. 00 元
订购电话	0532－82032573（传真）

发现印装质量问题，请联系 0633-8221365，由印刷厂负责调换。

前　言

　　物质文化研究是人类学的热点领域,符号学也长期关注物的符号研究。如何将物的人类学研究和符号学研究两种理论合起来考察物自身的生命史,成为本书写作的立足点和着眼点。

　　本书把人类学和符号学视界融合下的考察之物叫作"物语"。任何物质文化现象都是物向人呈现它自身和人向物显示它自身两种力量互构的结果。在这双重显现中,符号尤其是语言符号不仅是中介,同时也是人与物关系的建构方式。因此,任何物质活动都与符号活动交织在一起,都是词与物互动关系建构之物。本书把"物语"定义为词与物的关系建构之物。因此,物语包括两种基本的符号化方式。①先名后物的功能物,指更多地受词语活动支配的物质文化活动。如拉格啤酒的生产受制于一套标准化、概念化的科学技术话语,物充当了这个话语体系中的指涉性功能单位。②先物后名的情景物,物自身的生命活动的过程优先于科学技术话语的控制。如艾尔啤酒的生产更注重本土化自然条件、私语化的个体经验对酿造的影响。情景物也不能脱离词语而独立存在,但它在符号化方式上是物亲自出场、自我言说,人不是物的代言者而仅仅是记言人。因此,人类学关于"物的传记"研究是一种"先物后名"的写作:首先面对物,而后"听"它言说并为其立传。

　　相对而言,符号学更关注词语对物质文化活动的控制,即功能物;人类学更关注物的自我言说,即情景物。但是在更多的情况下,符号学物的研究和人类学物的研究彼此隔离。因此,本书试图弥合这种隔离,用"物语"这个概念将先名后物的功能物与先物后名的情景物统一起来,并认为功能物和情景物是"物语"内部的两种符号化方式,彼此之间既相互区分又相互跨界、重叠、转化。

　　本书试图以啤酒这种物质文化现象作为切入点来分析"物语"。在符号学看来,"物语"有三种写作:一是元语言写作,即在纯粹理论思辨的条件下讨论作为观念物的物语;二是文本化写作,即在书写性文本、文献的条件下描述某种具体物语的符号化活动;三是在场性写作,即在田野调查的条件下描述某种物语的符号化活动。本书结合了这三种写作方式,其中"导论"部分重点是物语的元语言写作,第一至六章是作为物语的啤酒的文本化写作,第七、八章是作为物语的青岛啤酒的在场性写作。笔者认为,一篇好的人类学物质文化研究论文应该是这三种写作均衡的有机整体。如果说本书有一定侧重点的话,就是笔者更关注作为物语的啤酒是如何被写作、如何被情景物和功能物两种符号化活动所建构的。而目前人类学主流的物的传记写作,更为关注的是物质文化的具体内容的描述,而不是物是如何写作的、物是如何被符号化建构的。

　　本书分为四个部分。第一部分为导论,主要介绍选题缘由、回顾梳理了人类学关于物的传记研究及其主要内容、符号学关于物的研究方法及内容、啤酒研究的相关文献,勾勒出青岛田野点的基本概况。第二部分包括第一至六章,是"功能物"的写作。通过文献的梳理和研究,描述作为物语的啤酒是如何由两种文化方式——情景物和功能物所建构并使其发展演变的。第三部分为第七、八章,是"情景物"写作。它与传统的人类学田野笔记接近,但又有区别。笔者通过对青岛啤酒的在场性考察,而不是用纯粹田野的眼光观察和描述青岛啤酒,把青岛啤酒看作一个情景物符号,重点观察它所承载的文化意义:情景物还是功能物? 将本书在功能物写作中所提炼的符号学理论方法,应用到人类学田野研究中。对青岛啤酒街和精酿啤酒的田野考察,便属于对这种文化重建思潮的近距离观察。第四部分为结语,对全书进行了总结,指出通过对啤酒的传记书写,尝试探讨人类学物的研究的一种符号学范式,探讨这种以功能物和情景物为核心的"物语"范式对人类学研究有何帮助。

目 录

第三部分

第四部分

导　论

第一节　研究现状

一、人类学关于物的研究现状及其内容

(一)从对象物到证据物

从发展过程来看,我的导师彭兆荣先生将人类学早期对物的研究大致分为四个阶段。第一阶段注重不同的"物性"研究:早期的演化论关注的是器物的本身,通过对物的发达精细程度的情况来划分人类社会的高低,此时的人和物是两分的,研究对象就是物本身。第二阶段,由莫斯开创了对礼物交换的研究,认为人和物不可分,人类学转向于研究物与人的关系。第三阶段,象征人类学主要探讨物的象征化与其他分类体系的关系,研究对象为社会和文化。第四阶段,人类学对物的研究则更多的是以物为切入点,探讨社会生活方式与心性以及透过物所折射的"人观"等[①]从这个发展过程来看,第一研究阶段的"物"其实是作为一个纯粹的物自体来看待的,还不是符号物。但到了第二至第四研究阶段的"物"已经是符号物了:它们是某种人类学观念的见证性物质符号即"证据物"。人类学通过作为人类学证据的"物",去还原物背后的物与人的关系(如礼物交换与人际关系)、物的象征意义(如物所负载的神话喻义等人类文化方式)、物所关联的生活方式和心性(如技术进步对社会变迁、社会心理所产生的影响)。人类学证据物的研究真正见证的不是"物"本身,而是物背后所隐含的人类社会文化,对这种社会文化的观念性关注远胜于对物体系自身的研究,所以,"证据物"的研究其实是人类学观念物的研究,物只不过是这些观念物的物质中介。所以,彭兆荣先生指出:"人类学其实已经与'物'离得越来越远,转而关注于'非物化'的人与社会的

---

① 彭兆荣. 格物致知:一种方法论的知识——以食物为例兼说叶舒宪的四重证据法 [J]. 思想战线, 2013, 39(05):30.

研究。"①彭师所谓物的"非物化"研究,揭示了人类学"证据物"研究的方法论特征:作为"证据物"的符号性研究,物具有"自我遗忘"或他者指涉的特征,人们关注物背后的人类学社会文化理念而不是物质生命活动本身,透视物所折射的"人观";物只不过充当了这些理念的物证或见证,物是人类学的求证手段,而人类学理念或"人观"对物来说却具有逻辑和意向上的优先性。

这样,本书将人类学关于物的研究的上述四个阶段,从符号学角度概括为两个阶段:一是非符号性的"对象物"阶段(第一阶段),二是符号性的"证据物"阶段(第二至四阶段)。

(二)从证据物到传记物

20世纪90年代以后,人类学对物质文化出现了新的研究热潮,"先后提出民族志对物研究的理念和范式,或曰'物的民族志',强调'物本民主'的概念,主张回到物的本体和本位研究并成为民族志新的宣言"。①这种物质文化研究的新潮流,我们可以称为人类学物研究的第三个阶段,即彭师所谓的"主张回到物的本体和本位研究"阶段。这种物本位的物质书化研究本书称为"传记物"的研究阶段。

人类学、历史学是最早开始对物质文化的物本位研究或传记物进行研究的学科。在这些早期的研究中,研究学者们重点关注的是物本体,主要探究其历史、文化等相关的发展与变迁。美国的托马斯·施莱勒斯是物质文化研究方面重要的开拓者和领路人,在其专著《美国的物质文化研究》(*Material Culture Studies in America*)中,他主要针对美国的物质文化从学科角度进行了详细而深入的研究,为之后物的相关研究奠定了坚实的学科与理论基础。勒兰德·费格森的《历史考古学与物质事物的重要性》(*Historical Archaeology and the Importance of Material Things*)从历史学的角度,对物的研究进行了综述性研究。在前期的这些相关研究中,研究者都是从各自学科角度出发,学科之间的融合度不足。但是在各学科研究的理论基础上,随后的物质文化研究才可以突破学科之间的壁垒,研究范围得以进一步扩展,各相关领域的研究成果得以融会贯通。物质文化也不再局限于对物本体的研究,而是开始转向物及物所承载的社会、历史、文化意义及内涵研究。"物被制作和使用的相关语境和文化"②成为研究的重点,研究学者开始了更加深入与多元化的分析研究。这是证据物研究和物本位的传记物研究的重要区别:在证据物研究中,物被看作是相关社会文化环境中某些事项的物证,物具有他者指涉性;而在物本位的物的传记研究中,相关的社会文化环境被看作是物的起源和自身生命的重要特征,物具有自我指涉性。美国人类学家阿尔君·阿帕杜莱在

---

① 彭兆荣. 格物致知:一种方法论的知识——以食物为例兼说叶舒宪的四重证据法 [J]. 思想战线, 2013, 39(05):29-34.

② Ann Smart Martin, J. Ritchie Garrison. American Material Culture:The Shape of the Field[M]. Knoxville:University of Tennessee Press, 1997.

1986 年编著出版的文集《物的社会生命：文化视角中的商品》(*The Social Life of Things*：*Commodities in Cultural Perspective*)① 中，探讨了不同历史时期、各种社会和文化背景下物（商品）的销售和交易。该文集融合了社会史、文化人类学和经济学等学科，加深了人们对经济生活的文化基础和文化社会的理解，也开辟了物质文化研究中关于物的社会生命史这一新的研究方向——物像人类一样具有社会生命，形成了一种全新的物质文化研究方法的基础。此文集中，美国人类学家伊戈尔·科比托夫(Igor kopytoff)运用"物的文化传记"对变化过程中的物进行动态研究②。约翰·弗洛的《时间和商品文化》(*Time and Commodity*：*Essays on Cultural Theory and Postmodernity*)③ 分析了后现代文化中时间和物（商品）的作用，在四篇相互独立又相互关联的文章中分析了后现代主义、乡愁符号学、商品、礼物等。这些单独的文章共同构成了对后现代性物（商品）的时间维度的连续探索，同时提出物（商品）的复杂联系形式，认为文化事物不能脱离经济、政治和技术事物来进行单独研究，延伸了物与文化的关系、物与人的关系、物的生命等相关研究。

科比托夫认为，可以将人的传记的方法应用于物的研究。他举了自己研究物的传记的一个案例："在我研究过的扎伊尔的苏库族中，棚屋的寿命预期大约是十年。一间典型棚屋的传记是这样，开始它是多妻制家庭中一位妻子和她的孩子的卧室。随着年龄的增长，棚屋逐渐或为会客室或者大孩子的房间，直至厨房、羊栏或鸡舍——最后被白蚁侵蚀，被风雨摧毁。每一年龄段棚屋的物理状态与它的特殊用途一致。如果棚屋的使用与它所处的阶段不相称，苏库人就会感到不舒服，因为它会传达出一些信息。因而，在厨房这样的棚屋中接待客人就道出了客人地位的一些信息，如果情况是整个家里都没有会客室，则透露出主人的一些特征——他必定懒惰、不好客或者穷困。"④

在科比托夫写的这个物的传记中，物被赋予了社会生命。第一，物的生命活动：物在某种特定文化语境下、某个特殊时期、被某种社会关系的生命活动中建构了自身，把物放到与它产生的语境的密切关联中考察物。例如，作为厨房的棚屋隐含着不适合接待客人这一社会关系；或者反过来说，特定的社会关系决定了棚屋的用途。第二，物的

① Arjun Appadurai, ed.. The Social Life of Things：Commodities in Cultural Perspective[M]. Cambridge：Cambridge University Press, 1986.

② Igor Kopytoff. The Cultural Biography of Things：commoditization as process [A]. Arjun Appadurai, ed.. The Social Life of Things：Commodities in Cultural Perspective[C]. Cambridge：Cambridge University Press, 1986：64-91.

③ Frow J. Time and commodity culture：Essays in cultural theory and postmodernity[M]. Oxford：Oxford University Press, 1997.

④ 伊戈尔·科比托夫. 物的文化传记：商品化过程 [A]. 罗钢，王中忱. 消费文化读本 [C]. 北京：中国社会科学出版社, 2003：400-401.

生命史:物在不同语境中的演变。如上例中的棚屋经历了卧室、客厅、厨房、羊栏……这样的不同语境的历史演变。

关于物的传记的这两点,在《物的社会生命:文化视野中的商品》一书中被描述为"物的社会生命的两种方式:一种是物的文化传记,一种是物的社会史。阿帕杜莱认为两种方法既有不同之处,又可以互相补充:文化传记适用于在不同人群、跨文化情境中流通的特殊物品,形成特殊的传记形式;而社会史则有助于我们观察一类物长期以来的起伏变化以及这个过程中物的意义所发生的变化"①。

综上所述,物的传记可概括为,关于物的生命活动及其历史的传记,包括指向特定语境的物的传记和经历了不同语境的演变的物的传记。在物的生命活动及其历史的传记中,核心问题是:物是如何在它所处的社会文化语境中形成自身的,又是如何借助符号记录来进行自我言说的。这种由特定社会文化语境和符号记录来建构和呈现自身的物,本书称为"传记物"。

国内关于"物的传记"的相关研究,主要代表作有舒瑜的著作《微"盐"大义——云南诺邓盐业的历史人类学考察》①。该书以美国人类学家阿尔君·阿帕杜莱所编著的文集《物的社会生命——文化视野中的商品》②为切入点和落脚点,把"盐"的民族志史诗视为人类学的转向,将其视线从人拉回到物,进行了物的人类学叙事。肖坤冰的《茶叶的流动:闽北山区的物质、空间与历史叙事(1644—1949)》③,主要借助了伊戈尔·科比托夫《物的文化传记》的观点,为物做传这一研究方法在人类学研究领域中被重新归位。徐敏的《鸦片和轮船:晚清中国的物质、空间与历史叙述》将鸦片作为弱势一方的代表,轮船作为先进生产力的代表,在物质世界中构建了历史叙述。鞠惠冰的《物品的文化传记与消费文化研究》一文将"商品"看作是"物"的潜能,从给予、接受与回馈的交换过程写到物的商品化,对物品文化意义的探究则是消费文化研究中的重要构成。吴兴帜的《物质文化的社会生命史与文化传记研究》以莫斯的"豪"为研究对象,将礼物的交换、礼物与商品的链接等问题进行探究,进而落脚到物的社会生命史与文化传记上。

人类学家彭兆荣、吴兴帜、马祯等对物的民族志、物的社会生命史等人类学学科的研究,包括《遗事物语:民族志对物的研究范式》《物的表述与物的话语》《物的民族志述评》《物质文化的社会生命史与文化传记研究》《"物"的人类学研究》《人类学研究

① 舒瑜. 微"盐"大义:云南诺邓盐业的历史人类学考察 [M]. 北京:世界图书出版公司,2009:240.

② Arjun Appadurai, ed.. The Social Life of Things: Commodities in Cultural Perspective [M]. Cambridge: Cambridge University Press, 1986

③ 肖坤冰. 茶叶的流动:闽北山区的物质、空间与历史叙事(1644-1949) [M]. 北京:北京大学出版社,2013.

中"物"的观念变迁》等,深化了对于物的研究内容与认识,对"物的传记"的研究具有重要意义。

此外,白文硕的博士学位论文《"物的传记"研究》对"物的传记"的研究本身进行了理论总结和探讨,从"物的传记"研究的研究背景——物质文化研究谈起,并对"物的传记"研究这一问题的缘起做了相应的铺垫与梳理;而后对"物的传记"的研究现状进行归纳和整理。

(三)物的人类学书写的两种主要方式

基于对"物的传记"研究现状的相关总结,我们可以看出,"物的传记"是一种新的人类学书写形式。从符号学的观点看,人类学关于物的书写最主要的包括两种方式:一是证据物的书写,一是物的传记。

证据物的书写,主要是将物背后的社会文化内容看作是人投射的客体和观念物,那些证实性的社会文化事项被从特定语境中抽离出来,在写作上表现为离境化的词语写作优先于情境化的物自身的言说。这是一种"先名后物"关系的写作,"名"即词语或文本,在逻辑和意向上名优先于物,即先名后物的关系。

物的传记,首先是将物看作一个生命活动的过程及其结果。这个过程实际上是在特定社会文化情境中由人与物之间的互动关系所推动的。其次,在写作方式上是让物亲自出场、自我言说,人不是物的代言者而仅仅是记言人。因此,"物的传记"是一种"先物后名"的写作:首先面对物,而后"听"它言说并为其立传。

无论是证据物的书写还是物的传记,都具有人类学书写的两个基本特征。其一,物质化倾向。物而不是语言或符号,始终是人类学书写的出发点和落脚点;虽然证据物和传记物都是符号物,但符号化过程或方式并不是人类学物的写作的重心。其二,实体化倾向。证据物和传记物二者被处理为两种各自独立或相互对立的书写方式:要么是词(名)本位,物背后的观念性词语书写优先于物的自我言说;要么是物本位,物的自我言说优先于词语观念的出场。词(名)本位的证据物和物本位的传记物,并没有被处理为物的两种具有互补性的书写方式。

二、符号学关于物的研究现状及其内容

物的广义符号学研究包括证据物和传记物。如象征人类学是一种民族学思想范式——把文化物当成象征符号加以探讨,它认为文化都可用符号原理进行分析,诸如服饰、建筑、器皿、交通工具等物质文化。特纳在《象征之林》一书中写道:"我在田野调查中观察到的象征符号,从经验的意义上说,指的是仪式语境中的物体、行动、关系、事件、体态和空间单位。"[①] 特纳在恩登布人部落为期两年半的田野工作中,研究了恩登

---

① ［英］特纳.象征之林:恩登布人仪式散论［M］.赵玉燕等译.北京:商务印书馆,2006:19.

布人的治疗仪式、成年礼仪式,恩登布人社会视奶树为其象征符号。同时,在治疗过程中,还研究了仪式背后的分类结构,即二分对称和三项组合,仪式空间布局在三维空间结构上都表现出二分对称性——上下、横向、纵向。如左侧与右侧的火堆、凉药和热药等,这一系列的"物"象符号都在解释隐藏于仪式身后的社会结构,而反映这种深层结构即是象征符号在实际中的作用①。

象征人类学的符号学方法,共同特征是物证符号学方法:把物当作与静态的考古或人类学事实存在的相关物证。物的传记则把物当作与自身的生命活动的语境密切相关的证词。无论是证据物的方法还是传记物的方法,都关注的是符号与某种静态的或动态的人类学事实的直接关联性,正是因为这种直接关联性,物成为那个事实的自然载体,成为某种人类学事实的必然在场形态和物证。人们关注的主要是物作为符号所负载的人类学事实而不是符号化方式活动本身。因此,在词与物、符号与物、名与物的二元关系中,证据物和传记物的研究还是以物为本的"先物后名"的关系研究。尽管在人类学书写内部,又可进一步分为"先名后物"的证据物书写和"先物后名"的传记物书写。但当我们拿人类学书写和结构主义符号学的书写做对比项时会发现,后者主要是一种"先名后物"的书写。

在国内,文学人类学学者叶舒宪提出"四重证据法",提出人类学事实的呈现除了文字、口头文学、考古材料以外,还包括物质文化之物及其图像资料作为"第四重证据"②。四重证据法的符号学意义在于突破了单一的物的研究,把物放到一个更为广泛的符号场域中考察。但是,"四重证据法"仍属证据物的符号学研究范畴:物证符号学即使关注各种符号的运用,但都是为了研究物背后的人类学事实,"所探讨的是新的证据所带来的研究对象的新的可能性"③,而不是把物和人类学事实当作一种符号化方式本身的可能性。

除了证据符号学和传记符号学的立场之外,物的符号学研究更重要的体现于结构主义符号学对物的研究立场:物及其背后的人类学事实的可能性是建立在符号化方式的可能性基础上的。与人类学物证符号学的"先物后名"的书写相比,结构主义符号学更侧重"先名后物"的书写。

结构主义符号学把符号看作是一个由能指和所指构成的两面体,物作为符号也存在两面性。但物证符号学与结构符号学的区别在于对这两面性的看法不同:人类学物证符号学(证据物和传记物的写作)关注的是二者的唯一的、自然的关联性,结构符号学关

① 赵泽琳.民族学视野下"物"的文化研究 [J].民族艺林,2015(01):15-24.

② 叶舒宪.第四重证据:比较图像学的视觉说服力——以猫头鹰象征的跨文化解读为例 [J].文学评论,2006(05):172-179.

③ [瑞士]费尔迪南·德·索绪尔.普通语言学教程 [M].高名凯译.北京:商务印书馆,1980:101.

注的是二者之间由非自然的任意性关联。之所以如此,是因为结构符号学认为符号的所指不是物、不是事实,而是关于物或事实的概念形象,它叫作"所指"①。这些概念形象或所指是由口语、书写、图像、仪式……各种符号构成的,因此,符号的能指(表达面)和所指(内容面)之间并不是直接的自然关联,正是这种任意性决定了物与人类学事实之间的或然性:物与人类学事实之间通过诸种可能的符号化方式之间进行关联。

因此,结构符号学着重关注的是词与物、名与物之间的符号化方式,即物是在何种词与物的符号化方式中呈现人类学事实的以及在这种符号化方式中词语(名)对物的优先地位。

结构主义符号学对物语的研究首先要提到法国结构主义人类学创始人列维－斯特劳斯。"他一方面想重建物质现实的内部逻辑,另一方面要保持自己诗一般的感受力。"他将语言结构分析的方法用于人类学研究,去发现"物质现实的内部逻辑",即词与物关系的逻辑。列维－斯特劳斯在《野性的思维》中提出的"修鞋匠"和"工程师"这一对概念,来分析所谓技能和技术的二元区别:"工程师靠概念工作,而'修补匠'靠记号工作"。他所说的概念,相当于皮尔斯符号学中的"象征"或索绪尔的"符号",典型的概念符号是语言中的词语。"靠概念工作"实际上就是"靠词语工作"。他说的记号,即皮尔斯所谓的索引符号,譬如烟是火的索引记号,伞是防潮的索引记号。"靠概念工作"的词语,是一种由词而物或"先名后物"的关系;而"靠记号工作"中的记号或索引符号,是实物形态的符号,实物自身是不可言说的,物要自我言说,必须要有词语的参与。因此物质性的索引符号的意义或所指,是由词语构成的,是一种由物而词或"先物后名"的关联方式。因此,在结构符号学看来,传记之物,或者任何携带文化意义的实物如代表种植文明的啤酒、谷物、家禽等,都可以看作是索引记号。"靠记号工作"也即"靠证据物或传记物工作"。更为重要的是,列维-斯特劳斯把符号化方式(词语工作还是记号工作)看作是人类学研究的重点:"科学家借助结构创造事件(改变世界),修补匠则借助事件创造结构"。这里的"事件"是一种物质文化活动,"结构"则是词语活动。科学家是"先名后物"的符号化工作,修补匠则是"先物后名"的符号化工作。

另一位法国结构主义符号学家罗兰·巴尔特也将符号学的视野扩展到物质符号的领域,他在《物体语义学》中指出,物质符号有两组涵指:"第一组我称作物体的存在性涵指所构成……在面对着公园内树干或面对着自己的手时,叙事者身上如何引起呕吐感。""另一组涵指:它们是物体的'技术性'涵指。在此物体被定义为制作物或生产制作规范和质量规范……物体不再冲向无限的主体,而是冲向无限的社会。我要继续讨论的正是这后一种物体的概念……物体有效地被用作某种目的,但它也用作交流的

① 孟华.三重证据法:语言·文字·图像[M].长春:吉林大学出版社,2009:5.

信息。我们可以总结说,永远存在有一种超出物体用途的意义。[①]""存在性涵指"即个体面对某物时所产生的即刻意谓性(对呕吐感的文字描述),这显然是一种"先物后名"的词与物关联方式。"技术性涵指"则是把词语或观念负载的各种社会规范投射于物,支配着对物的把握、理解和操作,这是一种"先名后物"的词与物关联方式。

法国哲学家米歇尔·福柯在《词与物》中也讨论了关于物体符号的两种词与物关联方式:"我在两个重叠的意义上使用'台'这个字:一是镀着镍、似橡胶的台子被白色包围着,并在无影灯下闪闪发光,雨伞和缝纫机,一会儿,也许永远,在这张台子上相遇;另一种含义指的是'图表',它使得思想去作用于存在物,使它们秩序井然,对它们分门别类,依据那些规定了它们的相似性和差异性的名字把它们组集在一起。有史以来,语言就在这张图表上与空间交织在一起。[②]"显然福柯区分了两种物语的存在方式:一是场景性存在,如一张桌子上摆放的各种物件,它们是按照人们随手的方便被放置的,而与知识概念分类无关,这些物件的意义被阐释性词语所负载,这是一种"先物后名"的关系方式;二是词语性存在,如某个物件不是在现场出现,而是成为某个知识分类系统比如某个购物单上的一个单词,这是一种"先名后物"的关系方式。福柯在重叠意义上使用"台"这个术语,实际上说明任何物语都具有着重叠的"先物后名"和"先名后物"两种关系方式。

英国哲学家怀特海清楚地区别了词语中的物(先名后物)与情境中的物(先物后名):"该单词(按:指'树'的英语单词'tree')和树本身是平等地进入我们的经验的;抽象地看待这个问题,既把该单词当作表示树的符号,也将树当作表示单词'tree'的符号,这样做才是合情合理的。[③]"把"tree"当作树的符号,是物的词语化存在的状态;把"树"当作表示"tree"的符号,则是物的情景化存在的状态:我们首先是面对一棵树的出场,然后想到"tree"这个单词。物的情景化存在,本文叫作情景物。情景物作为一个符号,不是把物看作是语言支配下的被动客体,而是有意义地作用于人的、主动性的意义生成机制和意义生产者。

英国人类学家埃德蒙·利奇以结构符号学的观点讨论了三种行为符号:①人体的生物学活动——呼吸、心跳等;②技术行为,它旨在改变外部世界的物质状态——在地上刨个坑,煮只鸡蛋之类;③表达行为。主要指语言行为,当然还包括其他人为符号[④]。人的生物学行为和技术行为都可以负载意义,比如呼吸表示"活着",煮蛋表示"早餐",等等。但这些都可以看作是物质性的索引符号。尤其是在技术性行为过程中,比

---

① [法]罗兰·巴尔特.符号学历险[M].李幼蒸译.北京:中国人民大学出版社,2008:190.

② [法]米歇尔·福柯.词与物:人文科学考古学[M].莫伟民译.上海:上海三联书店,2001:前言4.

③ [英]A.N.怀特海.宗教的形成:符号的意义及效果[M].周邦宪译.贵阳:贵州人民出版社,2007.

④ [英]埃德蒙·利奇.文化与交流[M].卢德平译.北京:华夏出版社,1991:10.

如啤酒的酿造,人们如果不使用词语对技术行为进行交流和阐释,相关技术活动就无法进行。只不过这种语言活动是伴随着技术行为展开的,是一种"先物后名"的词与物的关系方式。在日常生活行为和技术行为中,人们关注的是物质行为本身而对其中的伴随语言缺少自觉意识。物的传记研究物的生命活动,实际上这种生命活动大多数是以技术行为的方式进行的,它必然伴随着语言行为。但物的传记不研究其中隐含的词与物的关系。这是它与结构符号学的重大区别。利奇所说的"表达行为",则是一种"先名后物"的关系。

美国人类学家霍尔区分出高语境文化和低语境文化:"所谓高语境交流或高语境讯息指的是:大多数信息或存于物质环境中,或内化在人的身上;需要经过编码的、显性的、传输出来的信息却非常之少。低语境交流正与之相反,就是说,大量信息编入了显性的代码之中。例如,一道长大的孪生子的交流能够而且确实更节省精力(高语境交流),他们的交流比两位律师打官司时的交流更节省精力,比编制计算机程序的数学家、立法的政治家、起草规章的行政官员的交流都节省精力。"霍尔是从文化信息传播的角度提出高、低语境概念的,值得重视的是,他将高语境文化与隐性的代码、低语境文化与显性的代码联系起来。孪生子的交流是口语化、私语化的,随境而变的隐性代码;律师、数学家、政治家和行政官员的交流主要是文本化、被社会共同编码了的显性代码。这个显性代码我们称为词语化,隐性代码称为私语化。高语境 / 私语化是先物后名的关系,低语境 / 词语化是先名后物的关系。

塔尔图学派的生命符号学,涉及"环境界"和"符号域"两个概念。"当乌克斯库尔描述人和动物世界时,他需要一个综合性的基本概念。为此,他引入了环境界的概念。当洛特曼描述思维、文本和文化的世界时,他也需要一个综合性的基础概念,由此引入了符号域的概念。"环境界类似巴尔特存在性涵指的概念:人直接面对自然界或物质世界所产生的物质性符号活动(先物后名)。符号域则是以词语为主要载体的文本化的物语世界(先名后物)。

国内符号学者孟华将物的上述两种符号化方式概括为:先名后物的物语和先物后名的物语。先名后物的关系即物的词语化存在,本书叫作功能物;先物后名的关系即物的情景化存在,本书叫作情景物。

本书在上述各家的基础上将物的两种符号化存在方式分别概括成功能物和情景物。现将上述各家的观点整理见图 0-1。

综上所述,与人类学的"物本位"相比,符号学关于物的研究体现出了符号本位的倾向。其一,将物的符号化方式(功能物还是情景物)看作是物的研究的重心内容。人类学虽然也区分功能物(证据物)和情景物(传记物),但不是看作是同一物的两种符号化方式,而是处理为不同的物质文化事实。其二,极性的态度,即把功能物和情景物、词与物的两种关系符号化方式对立起来,重点考察功能物或词语符号对情景物的支配和建构作用。因此,与人类学的物本位(先物后名)相比,结构主义符号学更接近词语本位或"名"本位的立场,相对而言是"先名后物"的符号学立场。

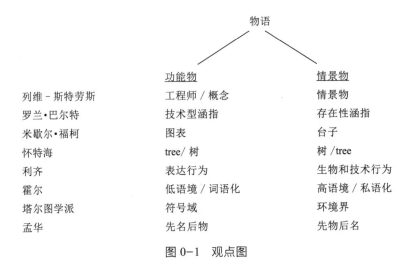

	物语	
	功能物	情景物
列维－斯特劳斯	工程师 / 概念	情景物
罗兰•巴尔特	技术型涵指	存在性涵指
米歇尔•福柯	图表	台子
怀特海	tree/ 树	树 /tree
利齐	表达行为	生物和技术行为
霍尔	低语境 / 词语化	高语境 / 私语化
塔尔图学派	符号域	环境界
孟华	先名后物	先物后名

图 0-1　观点图

三、关于啤酒研究的相关文献

(一)对于世界啤酒的传记研究

对于世界啤酒的传记研究,本书主要参考的资料包括以下内容。

1. 历史类

Did man once live by beer alone[①](Braidwood R J等,1953)、*Bread and beer*[②](Katz S H 等,1986),从人类学、历史学角度,结合考古资料,讨论了啤酒与面包、啤酒与农业文明起源的关系。*A history of beer and brewing*[③](Hornsey I S, 2003)是对世界啤酒史的全面介绍,从历史学、考古学等角度论述了两河流域、古埃及等古代文明时期的啤酒的起源、生产方式及在政治经济社会中的地位及作用,并描述了啤酒在其后的各个时期、各个地区的传播、消费与发展,是一本研究啤酒史重要的参考著作。《啤酒》[④](凯文•特雷纳, 2004)以世界各地啤酒的背景故事,主要从酿造过程、啤酒风格及其渊源、品味与鉴赏、啤酒酿造等方面综述了啤酒酿造的历史与发展。《酿•啤酒:从女巫汤到新世界霸主,忽布花与麦芽的故事》[⑤](法兰兹•莫伊斯朵尔弗, 2016)对啤酒史也进行了全

---

① Braidwood R J, Sauer J D, Helbaek H, et al. Did man once live by beer alone[J]. American Anthropolog ist, 1953, 55(4):515-526.

② Katz S H, Voigt M M. Bread and beer[J]. Expedition, 1986, 28(2):23-34.

③ Hornsey I S. A history of beer and brewing[M]. Cambridge:Royal Society of Chemistry, 2003.

④ [英]凯文•特雷纳.啤酒[M].赵德玉,张德玉译.青岛:青岛出版社,2004.

⑤ [德]法兰兹•莫伊斯朵尔弗,马丁•曹恩科夫.酿•啤酒:从女巫汤到新世界霸主,忽布花与麦芽的故事[M].林琬玉译.台湾:大好书屋－日月文化,2016.

面的相关研究。

国内学者颜坤琰、周茂辉等(《世界啤酒大典》(颜坤琰等，2001)、《啤酒之河：5000年啤酒文化历史》(周茂辉，2007))也进行了啤酒的基本概念和知识的介绍，以及对世界啤酒史、啤酒酿造史的概述。

2. 生产与消费

The barbarian's beverage：A history of beer in ancient Europe[1]（Nelson M，2005）是首部对古代啤酒生产与消费进行专门研究的专著，通过相关考古证据及文本展示了欧洲在各个时代的啤酒生产技术、消费、意识形态等方面的详细情况。*Beer in the Middle Ages and the Renaissance*[2]（Unger R W，2004）介绍了啤酒酿造的相关技术研究，通过商人、酿酒师和小生产者的故事，着重论述了中世纪欧洲的啤酒消费、贸易、税收、政策等啤酒行业相关的社会和文化概览，对整个时期的历史研究具有重要意义。*Sumerian beer：the origins of brewing technology in ancient Mesopotamia*[3]（Damerow P，2012）通过研究楔形文字、考古资料证据等，分析了古代美索不达米亚苏美尔文化中酿造啤酒的技术。

Beer, brewing, and business history[4]（Cabras I 等，2016）的社论中简要概述了啤酒和酿造的历史发展并从商业、史学的角度解释了啤酒行业兼并、商标、品牌等相关研究。《啤酒经济学》[5]（约翰·思文等，2018）从经济学角度解构啤酒历史，追溯了啤酒一万多年的悠久历史，探讨了推动啤酒市场走向工业化、集中化的关键创新事件，分析了啤酒的生产与消费对当地、整个国家及全球的政治、经济的影响。

国内学者对啤酒酿造的专著主要有《世界啤酒工业概况》(朱梅等，1984)、《中国啤酒》(朱梅，1987 年)、《啤酒酿造》(唐明官等，1990)、《中国酿酒科技发展史》(洪光住，2001)等，介绍了中国以及世界啤酒酿造的科技发展史，从科技角度比较系统全面地论述了啤酒酿造过程中的一系列技术问题，包括啤酒的四大原料(水、酵母、麦芽、啤酒花)、酿造方法工序、啤酒种类及特点等原理及工艺操作。

(3)啤酒种类与品饮。《啤酒百科全书》[6]（B. 范霍夫，2001)以啤酒产区为主线，脉络清晰地全面介绍了世界上的啤酒精品种类，是了解啤酒历史、酿造过程、生产厂

[1] Nelson M. The barbarian's beverage：A history of beer in ancient Europe[M]. London：Routledge, 2005.

[2] Unger R W. Beer in the Middle Ages and the Renaissance[M]. Philadelphia: University of Pennsylvania Press, 2004.

[3] Damerow P. Sumerian beer：the origins of brewing technology in ancient Mesopotamia[J]. Cuneiform Digital Library Journal, 2012(2)：1-20.

[4] Cabras I, Higgins D M. Beer, brewing, and business history[J]. Business History, 2016, 58(5)：609-624.

[5] ［比］约翰·思文，［美］德文·布里斯基. 啤酒经济学[M]. 王烁译. 北京：中信出版社，2018.

[6] ［荷兰］B. 范霍夫. 啤酒百科全书[M]. 赵德玉，郝广伟，译. 青岛：青岛出版社，2001.

商等啤酒文化的重要专著,并通过精美的图片展示了几百种啤酒品牌的独特风采。《啤酒市集:最实用的啤酒品饮百科》[①](藤原宏之,2011)、《开始享受啤酒的第一本书》[②](日本啤酒文化研究会等,2015)、《国家地理:世界啤酒地图》[③](提姆·魏普等,2015)、《啤酒品饮圣经》[④](兰迪·穆沙,2016)、《啤酒有什么好喝的》[⑤](伊丽莎白·皮埃尔等,2017)、《世界啤酒品饮大全》(王鹏,2017)等专著,从不同角度介绍了世界上知名的主要啤酒种类及其特点,包括历史、地域、品鉴和香气特点、季节特点、食物搭配等方面,重点研究了啤酒风味、口味及历史的演变。其中,《国家地理:世界啤酒地图》是一本啤酒指南,以国家作为分类,用详尽的地图标示出全球各大酿酒商及啤酒种类并提供500种啤酒的品酒笔记,还有啤酒与食物的搭配、不同啤酒的倒酒诀窍等啤酒知识的完整面貌。

(4)精酿啤酒。《精酿啤酒革命》[⑥](史蒂夫·欣迪,2017)是精酿啤酒从业者以自己经历编写而成的精酿啤酒年鉴类书籍,详述了精酿啤酒行业,尤其是美国知名精酿品牌在各个重要时期的发展史。

国内的相关著作《精酿啤酒赏味志》[⑦](谢馨仪,2014)、《牛啤经:精酿啤酒终极宝典》(银海,2016)等研究了啤酒与精酿啤酒、品饮、世界啤酒风格与分类详解等。《中国精酿观察基于品牌与商业模式创新的思考》(曾莉芬等,2018)研究了中国精酿啤酒及国外精酿行业发展现状及未来趋势。

(二)对于青岛啤酒的传记研究

对于青岛啤酒的传记研究,本书主要参考的资料包括以下内容。

1. 发展历史

《青岛啤酒厂志》(青岛啤酒厂,1993)是一本全面介绍青岛啤酒厂历史的著作。全书共分为13章,主要记述了青岛啤酒厂发展历史沿革,以及生产、建设、管理工作等各方面情况。《百年青啤:1903—2003 一个百年企业生存奋争的解密报告》(阴山等,2003)以大量的资料和生动的手法,描述了企业发展历程中的主要事件以及时间节点。

① [日]藤原宏之.啤酒市集:最实用的啤酒品饮百科[M].代国成译.北京:金城出版社,2011.
② [日]财团法人日本啤酒文化研究会,日本啤酒杂志协会.开始享受啤酒的第一本书[M].张秀慧译.台湾:联经出版社,2015.
③ [英]提姆·魏普,史提芬·波蒙.国家地理:世界啤酒地图[M].卢郁心译.台湾:大石文化出版社,2015.
④ [美]兰迪·穆沙.啤酒品饮圣经[M].钟伟凯译.台湾:积木文化,2016.
⑤ [法]伊丽莎白·皮埃尔,安妮·洛尔范,梅洛迪·当蒂尔克.啤酒有什么好喝的[M].吕文静译.北京:中信出版社,2017.
⑥ [美]史蒂夫·欣迪.精酿啤酒革命[M].骆新源,沈恺,赖奕杰,译.北京:中信出版社,2017.
⑦ 谢馨仪.精酿啤酒赏味志[M].北京:光明日报出版社,2014.

《再造青啤》(夏骏，2006)从青岛啤酒企业文化演变入手，主要解析了青岛啤酒企业文化的根源、文化负资产及与国内国际化公司的比较，论述了在资本力量和全球化的浪潮面前青岛啤酒的市场化转型和青啤激情文化的再造。《一杯沧海：我与青岛啤酒》(金志国，2008)从企业管理者的角度描述了青岛啤酒的发展之路。《百年青岛啤酒的品牌攻略》(周锡冰，2011)从品牌、营销、经营理念、企业管理模式等角度，描述了企业的战略转型调整及资本运作策略。

2. 青岛啤酒博物馆与啤酒节

《一杯沧海：品读青岛啤酒博物馆》(金志国，2008)在多元文化背景上考察了青岛啤酒博物馆的啤酒文化、工业遗产。《工业遗产改造中建筑文脉的表达与传承》(窦静静，2016)从建筑学角度研究了青岛啤酒博物馆，论述了青岛工业文脉内涵、青岛啤酒厂早期建筑的价值、改造的必要性、青岛啤酒博物馆改造中建筑文脉表达与传承设计手法和意义等五个方面。《山东地区博物馆文化创意产品现状与前景研究》(郑佳妮，2017)从文化创意产品等角度，总结分析了青岛啤酒博物馆文创产品的开发理念、体制、营销、产品体系等多个方面的现状及经验。

《事件旅游：研究进展与中国实践》(马聪玲，2005)、《青岛国际啤酒节产业化道路探析》(李真燕，2005)、《啤酒节对主办城市的影响效益分析——慕尼黑啤酒节与青岛啤酒节的比较》(宗刚，2013)以青岛国际啤酒节作为典型案例说明节事活动在中国的发展现状、产业化、可持续发展，同时通过与国外啤酒节的对比，分析啤酒节对主办城市的相关影响。

3. 口味接受与消费

"*This beer tastes really good*"：*Nationalism, Consumer Culture and Development of the Beer Industry in Qingdao, 1903-1993*[1](Yang Z，2007)，结合青岛啤酒的发展史，从民族主义、消费主义、文化主义等层面，分析了1903—1993年间人们对啤酒消费的态度以及逐渐的认知接受过程。《摩登饮品：啤酒、青岛与全球生态》[2](侯深等，2018)从环境史的角度，追溯了青岛啤酒最早50年间在改造当地景观、工业化水源、城市与消费等方面，并指出改造自然与生态保护过程中需注意的问题，同时研究了啤酒与城市、消费的关系。

"*Tastes Like Horse Piss*"：*Asian Encounters with European Beer*[3](Pilcher J M，2016)从民族史和经济学的角度，考察了中国、印度和日本等亚洲国家的啤酒口味、消费的

---

[1] Yang Z. "This beer tastes really good"：Nationalism, consumer culture and development of the beer industry in Qingdao, 1903-1993[J]. The Chinese Historical Review, 2007, 14(1)：29-58.

[2] 侯深，王晨燕.摩登饮品：啤酒、青岛与全球生态[J].全球史评论，2018(01)：96-116+280.

[3] Pilcher J M. "Tastes Like Horse Piss"：Asian Encounters with European Beer[J]. Gastronomica：The Journal of Critical Food Studies, 2016, 16(1)：28-40.

认知演变过程,研究了啤酒在青岛的消费空间本地化、人们对啤酒口味从"马尿"到日常饮品的接受过程。《啤酒认知与近代中国都市日常》①(马树华,2016)通过研究啤酒初入中国、啤酒的基础知识、健康饮品等方面,描述了20世纪初啤酒在国内的基本情况及人们对啤酒的认知,同时从政治、历史等角度分析了中国啤酒工业的初期发展历程,探究了啤酒从舶来奢侈品到日常大众饮品的转变过程。"Beer with Chinese Characteristics":Marketing Beer Under Mao②(Pilcher J 等,2018)主要探讨了20世纪啤酒在中国的国有化过程,展示了酿造技术设备与当地酒文化的相互作用,以青岛啤酒为例,详细研究了作为"舶来品"的西方饮料是如何在20世纪上半叶逐渐被城市人民作为现代性的象征而接受的。

第二节　主要观点和方法论

本书试图从符号学和人类学视界融合的角度来思考物、观察物,其着力点在这种"融合"的探索上,啤酒是这种思考和探索的切入点。或者说,本书"作为物语的啤酒"这个命题具有双重性:一方面被用来阐发一种关于物的新的研究视角,另一方面将这种视角用于田野观察。

所谓关于物的新的研究视角,仅指本文对人类学和结构主义符号学两种方法论融合后产生的一种新的视界:关于物语这个范畴的探索。上一节所述,人类学的"物本位"和结构主义符号学的"符号本位",构成了关于物的研究的两种区别性倾向。

人类学虽然无法脱离符号性问题去关注物,包括对象物、证据物和传记物,但这些"物"都是一些实体性概念。所谓实体性,就是某些概念范畴具有独立存在的自足性。因此,人类学关于物的研究的阶段论,常常意味着一种研究范式对另一种范式的否定或超越,各范式之间是实体性的差异,如证据物研究对对象物研究的超越,传记物研究对证据物研究的超越。结构主义符号学将人类学的证据物和传记物处理为两种符号化方式,更强调符号化方式对物的影响。但仍未完全摆脱实体性思维,词本位的证据物和物本位的传记物各自以否定对方的方式实现自己的价值。

本书在物的研究方法论上旨在探索一种新的综合观:其一,继承人类学关于证据物和传记物分类研究的思想成果;其二,借鉴结构主义符号学将这两类物转换成两种物的符号化方式;其三,将证据物和传记物再转换成一对中性化的符号学关系物,是建立在区分基础上的你中有我、我中有你的混合关系。基于这种中性的物的分析立场,本文将证据物和传记物重新阐释为功能物和情景物。

① 马树华.啤酒认知与近代中国都市日常 [J].城市史研究,2016(02):163-196+241-242.

② Pilcher J,Wang Y,Guo Y J."Beer with Chinese Characteristics":Marketing Beer Under Mao[J]. Revista de Administração de Empresas,2018,58(3):303-315.

一、功能物和情景物的分离性原则

中性物的分析并未抛弃区别性原则,它首先建立在功能物和情景物的区分基础上(分离性原则),然后再考察二者之间的中性混合关系(统一性原则)。

(一)先名后物和先物后名

美国人类学家霍尔分析了两种时间模式:一是一元时间,即时间被切割为一个线性链条,每一时间段只做一件事情;二是多元时间,即在某个时间段内同时做几件事情。他认为,美国文化是一元时间主导的,做事总是按照时间程序表进行;东方文化则是多元时间主导,比如在办公室内领导同时可能会应对几个突然闯入的事件。

这两种时间模式实际上反映了词与物的两种关系方式:先名后物还是先物后名(这种分类与下面讨论的功能物和情景物的区分有关)。

霍尔指出,一元时间中人们恪守"事先安排的日程表",多元时间"重点是人的参与和事务的完成"。①这里的"日程表"和"人的参与和事务的完成"是两种符号化方式或者词与物的关系方式:在一元时间里,一个超越具体语境的时间程序表,作为一个显性的编码系统(霍尔语),支配着人的行为和事务的完成,因此,它实际上是一个"词语"主导的事件。符号化的"时间程序表"先于事件而存在,是一种"先名后物"的关系方式。但是在多元时间模式里,人当下活动参与的事务本身的完成,主导着事件的进程,人们的关注重点不是听从时间表和词语化的知识性、文本性安排,而是直接面对一个生命活动场景、直接面对事务和实物。在这个多元时间模式的事务场景中,语言符号虽然也参与了事务和实物的活动,但它是一种隐性的编码(霍尔语),本文称为"私语化"事件。譬如古代啤酒以家酿为主,酿造技术主要靠身体经验和口耳相传,而不是现代酿造依靠某种日程表和科学技术配方来进行。人们在家酿啤酒时会在多元时间模式中使用口语等方式进行交流,但这时关注重点在于酿造事件本身,而称谓酿造的那些交流语言是依附于酿造活动的伴随物,是隐性编码或私语化的。私语隐藏于行为链中不被人们注意,并随语境而变。因此,多元时间模式是物和事务主导的符号化活动,参与活动的言语行为被以私语的方式隐藏于活动本身而不易觉察且意义随境而迁。这是一种"先物后名"的符号化方式:物和事件优先于词语的出场。当然,这个"优先"不是简单的时间意义上的,也包括了逻辑上的"优先"。譬如文学书写和人类学书写,二者都是在物的缺席下的书写即词先于物出场,但文学书写更强调词对物的替代性,而人类学书写则更关注词与物的真实关联度即证据性。显然,在逻辑上讲,相对于文学书写,人类学书写是"先物后名"的方式即物优先于词。霍尔实际上已经区分了一元时间和多元时间之间不同的词与物的关系:"先名后物"的关系方式即他所谓的

---

① [美]爱德华·霍尔.超越文化[M].何道宽译.北京:北京大学出版社,2010:17.

"显性的代码";"先物后名"的关系方式即他所谓的"隐性的代码"。①

(二)功能物和情景物

区分了先名后物和先物后名两种词与物的关系方式之后,我们便可以定义功能物和情景物了。

词或词语性事件优先于物的出场或者按照词语法则进行活动的物质文化事项,便是功能物。如上所述,"优先"不仅指时间,也指逻辑意义上的。功能性的事件、实物,其意义更具有社会约定性,更依赖于词语的离境化安排,即使脱离具体语境也相对保持自己的显性的、稳定的意义。功能物在结构主义符号学那里叫作结构物,即一个功能物是按照词语的法则来进行的物质活动,这个活动的产物即功能物或是"文本"。②物或物质性事件优先于词出场或者按照物自身的活动法则运作的物质文化事项,便是情景物。情境性事件、实物的意义产生于特定的语境中人的操作,其意义具有隐性、具体多变的特点。

青岛啤酒有若干生产厂家,当地人简称为青啤一厂、二厂、三厂……,但大多数消费者对其中在味道上的些微差异忽略不计,始终保持口感知觉上的一致性。这便是功能物:标准化的生产配方和过程产生了超越差别化情境的同一口味。在功能性啤酒生产中,词语法则和意义(标准化的话语)优先于生产者对生产资料的个性化运作。自酿的啤酒产生于酿酒师个性化的配方和生产经验,其味道迥然有别。这是情景物——尽管自酿师的生产活动也离不开语言符号的参与,但这种言语活动是伴随性的、隐性的,自酿师关注的"重点是人的参与和事务的完成"(霍尔),是人在特定情境中参与物的生产的过程。对自酿啤酒的口味、诗学特征、美誉等的各种辨识均产生于这个特定的活动情景。

即使同一物譬如青岛啤酒,也具有功能物和情景物的分别。我们根据口碑或者广告,选择一款青啤;这个过程是先名后物符号化活动,此时的青啤便是功能物。倘若我们亲身品尝之后对青啤赞赏有加,这是先物后名的过程,此时的青啤便是情景物。

人类学的证据物和传记物,可以转换为功能物和情景物这对范畴。证据物产生于物质性事件的离境化、文本化操作。例如叶舒宪教授将华夏文明的有文字历史称为"小传统",前文字历史称为"大传统"。为了证实大传统,他通过"四重证据"书写的、神话的、考古的、实物的等各种证据符号去复原早期中华文明的发生。③这四重证据传统上都叫作"文献",符号学则称为"文本"。它们当中也有实物形态的符号(考古材料、实物证据),但这些实物形态的证据已经脱离当时活动的语境而变为不在场的事件的碎

---

① [美]爱德华·霍尔.超越文化[M].何道宽译.北京:北京大学出版社,2010:82.

② [比]布洛克曼.结构主义[M].李幼蒸译.北京:商务印书馆,1980:8.

③ 叶舒宪.图说中华文明发生史[M].广州:南方日报出版社,2015.

片化表征。这些碎片化的表征符号是按照词语(文本)的法则被组织起来的,因此是先名后物的功能物。相反,科比托夫在为棚屋所写物的传记中,棚屋的生命史是按照自己的情景物法则展开的,棚屋的物理状态与它的特殊用途相一致,用作卧室、客厅、厨房、羊栏……物的用途的变化既来自人的特殊用途又来自物自身的物理状态,人与物互动的高情境活动决定了物的活动法则和自我言说方式。巫鸿在《物尽其用》一书中,借赵湘源回忆录描写了"肥皂"的物的传记:

> 把肥皂晾干,为的是使起来节省,软的肥皂洗衣服很浪费,一块肥皂用不了多少次就没有了。所以每次都是买了之后晒干存放起来……有些人不想浪费了供应指标。就把购物本给我用,我去买回来存起来。我就怕以后我的孩子长大之后还像我一样,为每个月的肥皂发愁……没想到他们根本用不着了,现在都用洗衣机了。我舍不得扔,一留就是几十年……①

上述关于"肥皂"物的传记(赵湘源的回忆录),为我们提供了肥皂自身所隐含的有关世事变迁的物质文化史:生活贫困(为节省而将肥皂晒干)→物资匮乏(购物证)→对匮乏的忧虑(存留肥皂)→忧虑解除(肥皂用不上了)→成为记忆物(舍不得扔)。这个物的传记不是由任意约定的词语符号表述的,不是遵循文学或文献的自由铺排的词语法则,而是紧紧围绕"肥皂"自身的生命活动即物的自身法则展开叙事的。② 因此,物的传记或传记物属于先物后名的情景物范畴。

二、统一性原则

统一性原则关注词(名)与物、证据物与传记物、功能物与情景物之间相互依存、跨界、重叠、交叉的性质。本书从物语、中性、主导型这三个方面讨论统一性原则。

(一)物语

本书将词和物、功能物和情景物这些区分性的符号统一于"物语"这个术语之中。因此,物语既不是指单纯的情景物也不是单纯的功能物,而是二者的统一体。"譬如'黄河'作为一种物语,它既自述了其'安流'与'泛滥'相间的历史,也他述了汉民族所赋予的'母亲''摇篮'之类精神内涵。"③ 这里的"自述"即物(黄河)本身在某种历史场景中生命活动的自我言说,具有情景物(先物后名)的性质;"他述"则是社会约定的词语系统(如各种文本、文献)对物(黄河)意义的建构,具有功能物(先名后物)的性质。"黄河"具有情景物和功能物双重特征,或者在这双重特征之间漂移、徘徊,这就是物语。

---

① 巫鸿.物尽其用:老百姓的当代艺术 [M].上海:上海人民出版社,2011:16.
② 孟华.在对"物"不断地符号反观中重建其物证性——试论《物尽其用》中的人类学写作 [J].百色学院学报,2015(2):87-97.
③ 孟华.汉字主导的文化符号谱系 [M].济南:山东教育出版社,2014:344.

　　"物语"不是由日语翻译来的词。本书中"物语"这个词借自孟华:"任何一个实物（包括人物或人类活动实践）它具有了某种意指关系性或言此意彼性质,它就是一个物语。这种意指关系包括两种方式:自指和他指。"①自指或自述,是物借助语言向人显示它自身;他指或他述,是人通过语言向物显示人自身。显然,孟华把物的自指和他指之间的意指关系方式看作是物语的本质:物语不是物本身而是一种词与物的关系方式,或者说,物语就是这种关系本身。

　　但是,孟华的物语定义——"任何一个实物……具有了某种意指关系性或言此意彼性质,它就是一个物语"亦有矛盾之处:一方面指的是处于物的自指和他指关系之中的物,一方面又指"任何一个实物"而不是关系。这容易导致将物语仅仅理解为某种情景中的实物。而功能物,比如文献中关于物的描述和传记,也是物语,是"先名后物"的物语。所以,物语并不以是否是实物来定义自身,而是以是否具有自指和他指的意指关系来定义。根据这种理解,本文将孟华关于物语的定义修改为:词与物某种关系方式建构之物。譬如,叶舒宪的四重证据相对于原发性、起源性事件而言属于功能物,后者则属于情景物;但在四重证据内部,文献证据和实物考古证据也构成了功能物和情景物的关系方式的交织。叶舒宪在论证玉石文化时,既考察了实物考古证据如良渚文化、凌家滩文化、红山文化遗址出土的玉器（情景物）,也参考了文献如《尚书》《周礼》《史记》《山海经》《说文解字》等关于玉文化的记录（功能物）。所以,叶舒宪笔下的"玉"是功能物和情景物、词与物的双重关系建构之物,体现了物语的统一性原则。

　　因此,物语的统一性原则可以进一步表述为:任何一物,它外部关联、内部隐含了词与物的关系方式,都是物语。

（二）中性

　　中性指异质符号之间区分和对立的解除或中间状态。②物语便是一个中性的符号:具有在词与物、功能物与情景物、物的自指和他指之间叠加、交织、跨界、过渡的关系性质。同时,中性也指一个功能物,或一个情景物内部所包含的物的自指和他指、词与物的中性关系性质。

1. 外部对比的中性

　　物语的中性,首先表现为功能物或情景物的性质是在外部对比关系中获得的,并非是绝对的。譬如麦芽期啤酒相对于起源期啤酒而言,前者是对起源期的自然酿造啤酒文化的超越,体现了人类词语性技术思维对啤酒物质生产的决定性力量,是先名后物的功能物。而麦芽期啤酒相对于后期的酒花期啤酒而言,前者更多地体现了自然物体系对词语性技术思维的决定性,而具有情景物的特征。因此,麦芽期啤酒作为一个

---

① 孟华.汉字主导的文化符号谱系 [M].济南:山东教育出版社,2014:341.
② 孟华."中性"——汉字中所隐含的符号学范式 [J].符号与传媒,2017（02）:98-117.

中性符号,它的功能物或情景物属性是在外部关系对比中获得的:与起源期啤酒相比它是功能物,与酒花期啤酒相比它是情景物。

2.内部隐含的中性

任何功能物或情景物内部,都是一个词与物二元要素你中有我,我中有你的关系物。

首先,在先名后物的功能物内部,也有情景物和功能物的二元关系。譬如,作为工业啤酒代表的青岛啤酒,它与新近兴起的小众化、个性化的精酿啤酒进行外部对比,就会发现青岛啤酒更具有功能物、先名后物的符号化特征;而精酿啤酒则更具有情景物、先物后名的特征(见第八章)。但是就青岛啤酒内部而言,它又分为瓶装啤酒和散装啤酒。相对而言散装啤酒更接近风土性和情景物的性质,而离境化的瓶装啤酒则更接近功能物的性质。

情景物内部也可以如是区分。例如,作为情景物的精酿啤酒,又分为"瓶子店"和自酿店,前者更接近功能物,后者更接近情景物。

(三)主导型

主导型也涉及物语的统一性原则,即词与物、功能物与情景物、物的自指和他指等二元异质要素之间谁主导的问题——"作为主导的符号要素总是影响和决定其他要素的性质并成为其他要素的典型。"[①]

相对而言,功能物是先名后物的关系,情景物是先物后名的关系。所谓的"先后"关系,本质上不是时间性的而是一种主导型,即某个符号要素在结构系统中居于主导的、决定整个结构系统性质的位置。因此说,功能物是词(名)主导的物语,而情景物是物主导的物语,无论谁主导,任何物语都是一个关系物,都是在词与物的二元关系中来确定主导方式,而绝非指纯粹的词语符号或纯粹的物质符号。譬如,我们在啤酒馆指着买一款"比利时淡艾尔啤酒",它便是一个情景物,我们首先关注的是啤酒,然后借助名称唤出它的出场。此刻,啤酒出场的符号化方式完全是私语化的,你可以只用手势,也可以用各种个性化的表述方式,目的仅仅在于物本身。所以这是"物主导"的先物后名的词与物关系。相反,如我们根据购物指南(词语)买到手上的一款"比利时淡艾尔啤酒"(实物),这个过程就是"词(名)主导"的先名后物的词与物关系。可见,主导型的概念也是物语统一性的体现。任何物语都是功能物和情景物两种方式的重叠,只不过在某些情况下某一方式更加突出或起主导作用而已。啤酒就是具有功能物和情景物两种符号方式的物语,就啤酒系统内部而言,家酿啤酒就地取材,具有本土性和私语化的情景物特征;工业啤酒原材料复制,具有离境化、词语化的功能物特征。这两种物语的不同主导型隐含着人类与自然之间不同的意谓方式:一是从自然整体性分离出来而进入人为安排的知识和技术秩序的力量,这就是作为功能物／词语化的啤酒所主导的意谓方式;二是人类对自然整体性的依赖、尊重、回归的力量,这就是作为情景物／

① 孟华.汉字主导的文化符号谱系[M].济南:山东教育出版社,2014:364

私语化的啤酒所主导的意谓方式。所以,作为功能物的啤酒和作为情景物的啤酒这两种主导型所共同构成的物语的统一性原则,实际上表现为人对其生存环境依赖或超越程度的大小。作为功能物主导的啤酒,其功能和价值来自人为安排的非自然秩序;作为情景物主导的啤酒,其物的价值和功能来自人的生命活动所处的具体生存环境。

第三节 青岛啤酒的田野研究及方法

一、青岛概况

青岛地处山东半岛东南部、黄海西岸,位于北纬 35°35′ ～ 37°09′、东经 119°30′ ～ 121°00′,其与烟台市(东北方向)、潍坊市(西侧)、日照市(西南方向)相接,所辖面积为 1.1282 万平方千米。青岛拥有天然的内陆海湾——胶州湾,其东侧为黄海,西侧为广阔的内陆腹地。海陆交通四通八达,"东连日本,北抵沪粤,西沿胶济铁路,直达济南山东省会,水陆交通,舟车便利"。①

"青岛"一词最早以地名出现是指胶州湾口的小岛——小青岛。较早的文献记载于明代的《地方事宜议》②,该书共分"海防、御患、弭盗、垦荒、通商"五部分。其中在《海防》篇中,有"本县(注:即墨县)东南滨海,即中国东界。望之了无津涯,惟岛屿罗崎其间。岛之可人居者,曰青,曰福,曰管,曰白马,曰香花,曰田横,曰颜武"③。此处的"青""福""田横"等为周围的海岛——"小青岛""大福岛""田横岛"。"小青岛"寓意"青色的小岛"。后来随着"青岛村""青岛口""胶澳地区"等名称的更替和演变④,至 1929 年成立"青岛特别市","青岛"一词成为整体市区的指称。现今(截至 2018 年),青岛是包括 7 个市辖区(市南区、市北区、黄岛区、崂山区、李沧区、城阳区、即墨区)和 3 个县级市(胶州市、平度市、莱西市)的山东省副省级市、计划单列市。⑤

青岛位于湿润的亚热带气候和湿润的大陆气候之间的过渡带,主要受东亚季风的影响,冬季寒冷干燥,夏季炎热潮湿。但是整体而言,由于受黄海的海洋性气候影响,其比山东半岛内部的其他区域及内陆平原区域的气候更温和。夏无酷暑,冬无严寒,"历年温度以一、二月最低,平均数值将及零下 1.2°,八月份最高,平均为 25.1°"。⑥ 凭

---

① 骆金铭.青岛风光 [M].上海:兴华印刷局,1935:5.

② 《地方事宜议》为明代万历年间即墨县令许铤所著。县令许铤到任伊始,跋涉全县,考察地理民情,著地方史。

③ 孙顺华.古今青岛 [M].青岛:青岛出版社,2012:121-122.

④ 孙顺华.古今青岛 [M].青岛:青岛出版社,2012:123-135.

⑤ 国务院于发布的《国务院关于对青岛市实行计划单列的批复》(国函〔1986〕146 号).http://www.gov.cn/zhengce/content/2012-07/06/content_1685.htm.

⑥ 谋乐.青岛全书(下卷) [M].青岛:青岛印书局,1912:191.

借优越的地理位置和温和的海洋性气候,青岛冬暖夏凉,四季温度适宜,成为久负盛名的滨海旅游度假胜地。青岛优越的自然条件正如《青岛全书》所云:"此地负山面海,气候温和,海临其南,虽夏日之炎炎,不敌海风之拂拂,凉生轩户,清送花香。浴海水而披襟,步山阴而却扇,西人避暑咸集于斯。况北枕群山,藉层峦为屏障,不畏朔风之凛冽,只知冬日之和融。夏可避暑而冬又可避寒,此地势然也。"[①]

青岛区域历史悠久,文化灿烂。据考古发现,距今 7000 多年前,华夏祖先就已此居住生活。但是作为一座城市,青岛的历史只是始于 1891 年,城市的形态演变也开端于此时。[②]青岛是一个新兴城市,没有形成历史稳定的生活方式,所以没有根深的乡土文化,有显著的带来性、组合性特点。

由于青岛的战略重要性,清政府在此建立了贸易站,派遣海军并修筑防御工事,但这一切在 1897 年被打破,一直到新中国建立,青岛都是处于半封建半殖民的状态。1897 年,德国政府派遣军队占领青岛,并强迫清政府签订不平等条约,获得了胶州湾及其周边地区 99 年的租约,并攫取了山东的铁路和采矿权。在此期间,德国殖民统治者兴建港口、铁路、工业设施,一座现代欧洲风格的城市开始初见雏形。青岛啤酒厂就诞生于这个时期。1914 年,日本向德国宣战,取代德国夺取了青岛的控制权。青岛继续沦为殖民地直到 1922 年才被归还中国。但随后日本人又在 1938 年至 1945 年第二次占领了青岛,但在此期间,青岛的工业规模有了长足的发展。到 1941 年,青岛拥有了现代化的棉纺厂、化学和染料制造厂、机车和铁路厂等轻工业。新中国成立以后,青岛彻底摆脱了半殖民地半封建的历史,尤其是在十一届三中全会后,青岛进入快速发展时期。1984 年,青岛被确定为 14 个沿海港口城市之一,经济、城市建设都进入腾飞阶段。现在,青岛是国务院批复确定的国家沿海重要中心城市、滨海度假旅游城市、一带一路新亚欧大陆桥经济走廊主要节点城市和海上合作战略支点。[③]

二、青岛啤酒厂

在西亚、欧洲地区,啤酒的历史悠久。而对于中国,直到 19 世纪末 20 世纪初,现代的啤酒才作为西方的"舶来品"进入国内。

然而最近的考古资料发现,其实早在新石器时代的中国可能也已有谷物发酵饮料的存在。比如,新石器时代早期的贾湖村落遗址(位于现今河南省舞阳县内)、新石器时代晚期(仰韶文化时期)的米家崖遗址(位于现今陕西省西安市内)中出土的陶器中都检测出了古代啤酒(谷芽酒)的化学物质。这些谷物饮料在晚商的甲骨文中就有记

① 宋连威.青岛城市的形成 [M].青岛：青岛出版社,1998:63.
② 蒋正良.青岛城市形态演变 [M].南京：东南大学出版社,2015:54
③ 青岛"一带一路"新亚欧大陆桥经济走廊主要节点城市海上合作战略支点城市 [J].走向世界,2015(20)：47-47.

载。同样的，类似啤酒的饮品在《后汉书》中也有记载："好违时绝俗，为激诡之行。常慕梁伯鸾、闵仲叔之为人。与汉中李固、河内王奂亲善，而鄙贾伟节、郭林宗焉。奂后为考城令，境接外黄，屡遣书请冉，冉不至。及奂迁汉阳太守，将行，冉乃与弟协步赍麦酒，于道侧设坛以待之。"① 但这些"啤酒"的制作工艺却没有流传下来，仅从目前已知的文献记载资料中得到的信息发现，古代"麦酒""醴酒"的特征与现代啤酒也存在明显差异。

中国现代啤酒的代表之一——青岛啤酒的故事始于 1897 年，当时的中国正处于各个帝国主义的侵略之中。甲午战争发生后，当时的中国海军力量基本不复存在，德国皇帝威廉二世派海军侵占了胶州湾，使青岛成了德帝国主义最大的海外殖民地——而这一占领就是十余年（1898—1914）。威廉二世想把青岛打造成远东的"德国文化示范区"（实际上就是殖民地），开始修建街道和房屋，开办学校、旅店、铁路及工厂，港口商贸经济发展迅猛，昔日的小渔村开始朝着大都市的方向发展。众多的德国和英国侨民、官兵涌入青岛，精通商业的英德商人看到了商机——向德国海军军官和士兵供应啤酒，这意味着啤酒厂的建立只是时间问题。正如其他帝国渴望在国外安家一样，英德商人及官兵最终在 1903 年在青岛岳鹤兵营旁（今青岛市登州路 56 号）开设了第一家啤酒厂——日耳曼啤酒公司（Germania-Brauerei），按照德国啤酒纯度法来酿制啤酒来满足居住海外的德国官兵的味蕾，以解他们的思乡之情。根据记载，当时的酿酒师使用传统的德国技术酿造了德国风格的皮尔森淡色啤酒以及慕尼黑风格的黑啤，采用的水是青岛本地的崂山泉水。第一批啤酒于 1904 年 12 月下旬供应。1906 年，青岛啤酒的年产量约 1300 吨。②

在之后的十年内，德国人的啤酒业务在国内进一步扩大，啤酒成为热销品，远销国内各通商口岸。但是随着第一次世界大战的爆发，德国失去了对青岛的控制，也失去了对啤酒厂的控制。1916 年，日耳曼啤酒公司青岛股份公司被清算并出售给日本的麦酒株式会社，主要生产的仍然是黑啤酒和黄啤酒。但日本人并没有长期占有啤酒厂，在日本战败投降后，啤酒厂被移交给了国民政府进行管理并更名为"青岛啤酒厂"。此时的产品不仅在国内出售，国外订货商也积极采购、畅销南洋，成为当时"国货精品"的代表。新中国成立之后，啤酒厂成为国有企业，迎来了发展壮大的春天，经历了更生与改革、品牌扩张、做强做大、整合与扩张并举等一系列的转变之后，青岛啤酒厂成为国际知名啤酒厂商，产品也从最初仅有的皮尔森啤酒和黑啤扩展到了几十个品类。尽管如此，对于国人来说，它仍然保持着德国品牌的影响力；同时在世界上，它又展现出了中国民族品牌的异国情调。目前，中国已经是世界上最大的啤酒消费市场，同时产

① 引自《后汉书》"卷八十一·独行列传·第七十一"（中国哲学书电子化计划，https://ctext.org/hou-han-shu/du-xing-lie-zhuan/zhs）

② 青岛啤酒股份有限公司. 青岛啤酒纪事 1903-2003[M]. 青岛：中国海洋大学出版社，2003:1-4.

销量也稳居全球第一。2017年中国啤酒的全年总产量接近400亿升,占全球总量的1/5,几乎是排名第二位的美国的两倍。青岛啤酒是"世界500强"之一,2017年总销量79.7亿升,规模居世界第六,产品行销100多个国家。青岛和它的啤酒已经密不可分。

日常生活是人生活的重要组成部分,构成了人生存的基本时空维度。"作为唯一实在的、通过知觉实际地被给予的、被经验到并能被经验到的世界,即我们的日常生活世界"。"日常生活是人在世界上和社会中生存的重要内容和基本结构,日常生活的反思性是日常生活成为人的社会行为、社会结构不断更新、不断重建的最大能源储备所和最丰富的土壤。"① 青岛人对啤酒的喜爱源于青岛啤酒的百年发展史和当地浓厚的啤酒文化。啤酒,或者说青岛啤酒,已经成为青岛这座城市最著名的名片,本地人的一句话——"或许很多人没来过青岛,但必然喝过或见过青岛啤酒"就是最形象的展示。"没喝过青岛啤酒,别说你到过青岛。"街头巷尾,人手一袋啤酒,赶着回家吃一桌好菜。

青岛的饮食属于鲁菜中的胶东菜系列,其最大的特点就是原汁原味的加工方式,最大限度地保持食材本身的味道。尤其是海鲜类食品,更是日常餐桌上必不可少的。"哈啤酒,吃蛤蜊"不仅是青岛本地最普通最日常的饮食习惯,也是外地食客们争相品尝的特色。一盘原汁蛤蜊外加一杯当日鲜啤酒,就是佳肴美馔。啤酒配海鲜这种饮食搭配与习惯从医学角度来看极易导致痛风,因为海鲜中是高含量嘌呤类食物。对于尿酸高的人而言,平时经常性地进食啤酒和海鲜后,患痛风的概率会急剧增大。根据医学调查及统计数字显示,青岛的痛风发病率一直居高不下,平均发病率甚至超过3%,接近全国发病率(1.1%)的3倍。尤其喝啤酒、吃海鲜最盛的夏季,更是痛风高发的季节。即便如此,许多青岛人仍几十年如一日地保持这种饮食习惯。官方文本有时会对这两种习俗的健康风险提出担忧,但民间言论对这两种习俗的认同性推崇远远超过了对其可能带来风险的质疑。无论餐饮方式和营养搭配、冷热医学有无关系,如此之味道的结合,已成为青岛饮食的日常。日常生活琐碎、重复、习惯性、寻常、世俗的特性,表面上似乎不足挂齿,但反而能凸显现象的真实、基本面,因而成为其他诸多学科——如社会学、文化研究与史学研究的议题与切入角度。

本书的田野调查便围绕青岛啤酒这一物语展开,主要调研了青岛啤酒博物馆、青岛啤酒厂以及青岛市集中的啤酒街区、大大小小的啤酒屋。笔者在青岛的田野调查时间为2015年10月—2016年12月,又于2017年3—4月、2017年6—9月、2018年1—3月、2018年7—8月做了补充调查。

在田野工作过程中具体采用了以下方法。

(1)参与观察法。包括对青岛啤酒的制造、企业生产过程的亲身体验和参与观察;啤酒日常消费生活的参与观察和融入,深入理解对青啤的认知。

---

① 高宣扬.当代社会理论 [M].北京:中国人民大学出版社,2010:145-150.

（2）访谈法。根据前期搜集到的啤酒相关基本资料,通过漫谈、深度访谈、半结构访谈、结构访谈等方式,对生产者、经营者、消费者,获取人们对啤酒的认知,进而研究啤酒这一物的情景性及功能性。

（3）历史文献法。结合前期的田野调查,进一步梳理和整理前人对物、啤酒的研究及综述,掌握主要的历史发展脉络及主要思想,进而更好地指导之后的田野调查,不断地进行结合与转化;同时也从理论思辨的角度更深入地进行啤酒物语的写作。

在青岛,啤酒已经从单一的形态——食物(饮料),演变为一个符号象征、一种生活方式。青岛啤酒是青岛文化的"名片元素",简单地说包括两类:"瓶啤"和"散啤"。对当地人而言,真正的啤酒文化在散啤而不是瓶啤。散啤酒大体包括两类:一类是原浆啤酒,一类是生啤酒。简单地说,登州路啤酒街上以原浆为主,营口路啤酒街以生啤为主。原浆啤酒价格高,而生啤价格便宜,更具平民性。登州路啤酒街是青岛啤酒的发源地,也是青岛近百年来历史发展的见证者。它位于市北区登州路,东起延安二路,西至广饶路,长约 1000 米,青岛啤酒厂、啤酒博物馆就坐落在该街。登州路啤酒街如同全国绝大多数景区那些特色的美食街,高价之下,盛名难副。市北区营口路周边的啤酒街属于自发性质的,它以营口路市场为中心,辐射到顺兴路、营口路、埕口路、台东八路、沾化路等,喜欢散啤的青岛人会常到营口路。啤酒屋是这条街的主力。营口路啤酒街中心区域距离青岛啤酒厂直线距离仅 1.2 千米,极近的距离保证了酒的新鲜。根据青岛新闻网的数据来源,这里的啤酒屋总计约为 130 个,其中面积小的仅有 20 平方米,大的有 100 平方米,绝大多数店在 40 平方米左右。对于地道的老青岛人来说,以营口路为中心的区域是畅饮的集散地。此外,市南区的黄岛路、四方路、芝罘路以及周边街区,是青岛老城街区中存留至今的市井标本。

随着调研的深入和问题意识、研究脉络的不断生成,青岛地区精酿啤酒的发展情况与精酿人也进入本文的研究视野,在前期的调研期间(2017 年 6 月—2018 年 2 月),青岛的精酿啤酒馆有十数家,笔者基本完成对这些精酿店的调研和记述,分类为瓶子店、自酿店、混合店三种类型进行物语描述。2018 年,青岛精酿啤酒店的数量呈爆发式增长,据目前的统计,精酿啤酒店的数量已有百余家。

第一章

起源期的啤酒

人类从狩猎采集文明向农耕种植文明转化的一个关节点,就是野生谷物的驯化。人类学和考古学把这个关节点指向一万多年前的近东。

显然,对野生谷物的驯化是一个有意图的植物选择和繁殖过程,这个过程是人类文化对自然界第一次系统地主动介入,也是人类迈入更高级文明——农业社会的标志。

根据符号学的观点,一切带有人的文化印记的物都是物语或文化符号。谷物作为一种物语,它与其他文化符号一样,总是植根于生命的物质过程的。[1] 野生谷物的驯化就是人类在其生命活动中对自然界的第一次系统的模塑。或者说,谷物的人为驯化是一个符号化过程,它表现为用某种人为的物质活动去模塑自然现象,这种驯化或模塑的结果产生了谷物、面包、啤酒……这些农产品不再是纯粹的自然物,它们是一个关系物,是一些符号或物语。因为这些物内部隐含了人与自然的某种关系、某种生命体与他所处的自然环境之间的互动方式。当考古学家对某个文明遗址中的谷物进行野生还是人工培植的辨认时,他面对的就是一些符号、一些物语。符号过程的要素是一物总是代表着另一物。物语作为符号就是"一个不能被简化为自身的对象"[2]:谷物不是谷物,而是人与自然的关系方式。所以,符号、物语总是相关的。

第一节 自然酿造还是人工酿造——啤酒起源的第一个问题

一、关于情景物和功能物

起源期的啤酒便是一种物语,它包含了一种人与自然的最早的联结方式:自然酿

---

[1] [爱沙尼亚]卡莱维·库尔,瑞因·马格纳斯.生命符号学:塔尔图的进路 [M].彭佳,汤黎,等译.成都:四川大学出版社,2014:183.

[2] [爱沙尼亚]卡莱维·库尔,瑞因·马格纳斯.生命符号学:塔尔图的进路 [M].彭佳,汤黎,等译.成都:四川大学出版社,2014:81.

造还是人工酿造？私语化还是词语化？这显然涉及不同的天人关系方式：自然酿造属于情景物范畴，人工酿造属于功能物范畴。功能物是指，啤酒与通过技术化行为脱离特定场所、特定时间制约的离境化过程，并通过词语化的方式表述和建构这一过程。啤酒的情景物是指，啤酒与特定场所、特定时间产生的特殊事件相关的性质，它总是植根于生命的物质过程，并用私语化的方式来表述和建构这一过程。

情景物符号的意义更多地依赖于它所产生的客观环境。当然，这个客观环境主要指自然物体系，也包括被对象化了、集体无意识条件下的社会、历史、文化环境，它们也像自然物体系一样成为人们的物质环境的一部分。例如，在古代适合种植葡萄的地区和盛产大麦的地区，当地人们对葡萄酒和啤酒有着不同的消费爱好。葡萄酒和啤酒作为情景物符号的意义在于，它们分别成为所在地区本土性自然地理环境的物质性表征或记号。这些情景物的表述方式在古代是私语化的：一是具有霍尔所说的"隐性编码"性质即本文所说的"先物后名"，即人们只是在使用情景物时运用语言或其他符号，并不对情景物进行离境化、词语化的抽象概括——比如教科书、操作指南之类的词语化手段。二是霍尔所谓的"高语境"性：脱离具体语境，关于这些情景物及其相关表述就无法确定。私语化符号的意义总是依附于特定的语境，而不为全社会共享。譬如，古代的啤酒话语植根于特定的谷物种植环境、啤酒消费习惯等风土性语境中，葡萄酒话语植根于本土的葡萄种植环境、饮食习惯等风土性语境中。再如，青岛地区并不生产适合酿造啤酒的谷物，但由于历史上殖民主义的遗物——青岛啤酒厂的存在，青岛啤酒成为青岛的名片性符号：青岛人认为青岛的本土性（高语境）由两种泡沫构成，一是大海的泡沫，一是青啤的泡沫。"大海的泡沫"和"啤酒的泡沫"这种私语化的表述指向青岛的两种情景物：大海和啤酒。

功能物符号指的是，符号的意义更多的来自人们主动意识支配下的观念性物体系。词语化的功能物也包括两个方面。

其一，具有霍尔所谓的显性编码特征，即本文说的"先名后物"，人们首先面对的不是物本身而是关于物的叙事、知识、话语、图像、图纸、配方……这类词语化条件下的"物"。譬如，孩子模仿大人的动作做出相似的行为，这行为是情景物符号；当她根据妈妈的口授做出一道菜，这道菜显然接近功能物——它不是模仿自然，而是听从语言体系携带的观念性指令对物体系做出的相应安排。倘若这个女孩是根据书写的菜谱做出一道菜，这道菜更接近功能物了："口授菜"更具有"妈妈的味道"，"菜谱菜"则是一种离境化、标准化、观念化的"词语的味道"，即"先名后物"的显性编码特征。

其二，低语境性，指功能物以及表述功能物的符号是非私语性的；或者说，功能物及其词语即使脱离具体语境，也能保持自己的同一性和稳定意义和指称关系。相对而言，"口授菜"是私语化、高语境化的，口授的菜谱来自妈妈自身的生活经验，具有因人而异、不可重复的高语境性；而"菜谱菜"是被书写凝固了的语言，它显然突破了个体性的生存环境和经验局限,而成为大众共享的思想,因此属于低语境的功能物符号。低语境词语的含义是,符号的对象已经脱离了对特定的实物和物质环境的依赖而转向指称普遍的、观念性的对象。

从情景物到功能物至少包括三级符号化行为:一是人们的行为对自然环境的直接模仿,二是人们的主动意识通过私语或口语对自然模仿的超越,三是通过书写的知识思想或大众约定性词语对私语或口语的超越。这三级符号越接近前端越是情景物的,越接近后端越是功能物的。功能性符号主要是由词语或书面语主导的,因此也叫作词语符号。物语和词语、情景物和功能物、高语境和低语境,是三对各有侧重但意义相通的术语。

二、啤酒起源于自然发酵还是人工发酵?

显然,起源期啤酒的自然酿造和人工酿造这两种物质活动的背后,就是高语境和低语境两种符号化方式。围绕这两种方式,形成人类学、考古学和符号学争论的第一个焦点。

啤酒起源的自然酿造的"情景物"观是,一次偶然的事件成就了古代啤酒。石器时代的史前人类偶然发现野生小麦和大麦浸泡在水中制成的稀粥,如果暴露在户外,它不但不会变坏。相反地,空气中的野生天然酵母将其转化为黑色、冒泡的"啤酒",使任何喝它的人都会产生一种心情愉悦的感觉。最重要的是,"啤酒"使人们变得更加健壮。在当时,它是仅次于动物蛋白之外的首要营养来源。这也是美国宾夕法尼亚大学的考古人类学家所罗门·卡兹的啤酒起源说。[①]

一些研究人员的结论支持"自然酿造"说。他们发现酿酒酵母被孤立在各种环境中,例如菇蕈、橡树周围的土壤以及甲虫的肠道里。近来研究发现,甲虫消化道中有超过650种酵母,其中包括酿酒酵母,以及至少200种人们未知的酵母。另外,一份报告分析了数十组居住在不同人体和自然栖境的酿酒酵母基因序列,所得的结果也确定了人类目前所驯养的酿酒酵母,"是源自与酒精饮料生产过程无关的自然界"。酵母将糖发酵为酒精最初是自然现象,不需人为介入。自然界中,酵母经常与水果、树叶、花朵及植物汁液一同现身,而且会随着季节大幅变化,夏季时酵母出现的量是最多的。该报告指出:"昆虫可能是自然界中传播酵母最重要的使者。"这个现象会发生在碰伤或过熟的水果上,发生在加水稀释蜂蜜时,发生在植物流出汁液时。许多动物都对自然发酵感到陶醉万分。[②]

啤酒源于自然酿造的符号学意义在于,它与人类的发现密切相关。这种发现是人

① Katz S H, Voigt M M. Bread and beer[J]. Expedition, 1986, 28(2):23-34.
② [美]山铎·卡兹. 发酵圣经(下):奶、蛋、肉、鱼、饮料[M]. 王秉慧译. 台北:大家出版社,2014:84.

类初次的为自然赋义的符号化活动。它是建立在符号性辨认、识别、分类、指示的基础上。人们没有创造出新事物，但却通过符号化活动将某物、类似于自然酿造的物质活动从自然物体系中分离出来，使之成为被思考、被认识、被利用的对象。那个自然酿造啤酒的最初发现者，就是将自然之物转化为文化之物的施事者。倘若啤酒的自然发酵过程尚未被人类发现，该过程只属于自然生命界的一部分，它与它所处的环境的关系是情景物的：其一啤酒的意义和价值主要来自自然环境而与人的技术行为和编码行为无关；其二即使人们能够感知它，也是停留在只能直觉感知不可言传的生物水平的交流上，具有高度私语化或隐性编码的特征。但是，当它被人类通过语言符号从自然物体系中独立出来而被辨认和利用的时候，它又是功能物：其一，它可以在离境化的条件下被指称、被传播；其二，这种指称和传播发生在多个人甚至整个族群之间，具有显性编码和词语化的性质。这是符号学"词与物关系"的根本性质：情景物和功能物的性质不来自物自体，而来自不同物语之间的对比关系。正是因为这种对比关系，啤酒的自然发酵与另一种方式——人工发酵相比，自然发酵又是情景物的，因为它比人工发酵的方式更加依赖自然物体系，对啤酒的编码更具私语性：在自然发酵阶段，人们对啤酒的编码和符号化更多是临场性、情景化交流，而不是脱离啤酒所处的语境进行纯粹的概念知识加工。

啤酒起源的人工酿造的"功能物"观认为，酿酒酵母只会随着人类的活动而演化，此外，大自然中并无迹可寻。微生物学家沃恩与马汀尼主张："无论在自然或人为环境，我们调查葡萄汁发酵的酵母生态之后，结果都支持一个论点，那就是酿酒酵母不可能来自自然界。"[①] 人类文化最独特的成就在于我们学会如何根据自身需求操控条件来引导发酵作用。因此，酒精是人类最早刻意操控生产的发酵物，虽然也讲究精确方法和关键技术，却也非高难度的科学。

人工发酵说显然把人类对自然物的技术性放在啤酒起源的主导地位，这种操控技术来自对自然的人为模塑而非简单地利用，是人类对自然超越的见证。显然属于功能物的符号化方式。功能物包含着巴尔特所谓的"技术性涵指"："在此物体被定义为制作物或生产制作规范和质量规范。"[②] 这些由词语或各种符号负载的各种社会规范构成了对物的技术性把握，在起源期的啤酒中，这种技术主要表现为对发酵技术的掌握，并用于改造物质环境。这是一种"先名后物"的词与物关联方式。

啤酒的早期历史，就如同任何其他酒精饮料一样，也是笼罩在一片神秘之中的，其起源甚至可以追溯到人类有文字记录之前。早期发酵饮料是如何发现的，虽然目前仍不明朗，但是根据史料可以暂时推断出来一个合乎逻辑的场景。

---

① ［美］山铎·卡兹.发酵圣经（下）：奶、蛋、肉、鱼、饮料［M］.王秉慧译.台北：大家出版社，2014：84.

② ［法］罗兰·巴尔特.符号学历险［M］.李幼蒸译.北京：中国人民大学出版社，2008：190.

水果通常通过野生酵母的作用自然发酵,产生的酒精混合物经常被动物发现并享用。从新石器时代开始,甚至在新石器时代之前,各个地区的前农耕时代的人类也找到了这种发酵的水果,甚至可能特意收集野生水果并露天放置,希望可以继续产生"令人陶醉"的物质(笔者注:这就是经微生物发酵产生的酒精)。同样,不同的人在不同场合下都发现,蜂蜜水或牛奶被放置一段时间后,也同样可以达到同样的效果。事实上,发现发酵过程的人大多都乐意尝试用当时易获得的材料来进行模仿,虽然在当时人们还不理解这到底意味着什么。随着时间的推移,人们通过仿制研究,进行不断的实验后,探索出了最适宜发酵的环境、原材料,达到最好的效果,这样就产生了发酵技术。

水果含有单糖成分和水只需要接触野生酵母发酵即可,而谷物中含有大量不溶性淀粉聚合糖,必须首先通过酶的作用转化为可溶性淀粉、单糖二糖等,主要是麦芽糖、葡萄糖,才能进一步发酵。如果缺少这个转化过程,人们只会得到酒精含量极低的产品,因为未经加工或处理过的谷物中只有少量的可发酵糖。当时有两种加工谷物的方法:咀嚼谷物——利用唾液中的天然酶,或者将谷物发芽——谷物本身会产生一种酶,即淀粉酶,将淀粉转化为可发酵的糖。同时,为了完成整个步骤,糖化过程也是必不可少的,即需要将麦芽放在水中加热一段时间(但不煮沸)。这两种方法即发酵技术,体现了所谓功能物之"技术性涵指"的基本特征。其一,离境化或低语境性。这种技术不是自然发生的,而是人有目的地对自然环境的超越和改造。其二,词语性或显性编码。这种技术显然不是某个人的私语化知识,而是让这些技术通过言传身教等各种公共传播手段在一定范围内的群体共享。

因此啤酒是被意外发现的说法是令人无法置信的。尽管就像水果、蜂蜜或牛奶所产生酒精一样,啤酒当然有可能是自然(即意外)产生的,但至少这是在非常特殊的情况下。例如,自然脱落的谷物被雨水浸泡,或者储存的谷物因为受潮发芽,被晒干后再次浸泡受潮,最后得以被野生酵母自然发酵。事实上,有些研究人员就提出啤酒是在一些"富有好奇心并冒险尝试"的前农耕时代人类喝后发现的。也有人提出,制造啤酒的最早尝试就包括利用唾液来加工谷物。然而,更多的学者倾向于认为啤酒是人类在制作更可口、更有营养、更易保存的稀粥或面包过程中发现的。当然,对制麦芽过程(或至少是通过咀嚼转化)的理解对于科学地制作啤酒是必不可少的,它的广泛使用,就像葡萄酒一样,可能只有在农业发明之后甚至陶器发明之后才得以发展。①

这些争论仍在继续,但是给我们的启示是,早期啤酒作为人类学的物语符号,可能隐含着在情景物和功能物两种符号化关系之间徘徊的性质,甚至是二者交融:情景物中人对自然物的利用中,也包含着某种程度的功能物的人工技术,只不过情景物主导;

---

① Nelson M. The barbarian's beverage: A history of beer in ancient Europe[M]. London: Routledge, 2005:9-10.

或者,功能物的人工物的创造中,也包含着情景物的自然模仿和利用,只不过是功能物主导。但无论是情景物、自然物的啤酒"原始汤",还是功能物的啤酒"人工汤",它们都是物语而不是纯粹的客观对象物。物语和纯物是不同的概念,物语是一个包括上述词与物两种关系的生命体活动的符号机制,纯物则属于静止的物我、主客二元对立的概念。

这个时期的啤酒生产,与啤酒的起源密切相关——啤酒起源是人为主动生产设计的结果,还是大自然的馈赠?是一个功能物还是情景物?就目前掌握的人类学及考古学文献来看,我们无法明确地区分人为设计和自然馈赠之间的边界。起源阶段的啤酒是一个"自在"的浑成状态,是人类文明的理性之光(工艺、理性感知和自觉表达)尚未照亮啤酒之前的浑成状态。这种人与自然的浑成性或"天人合一",是早期啤酒生产的主要特征。因此,相对于后期的啤酒的发展,起源期的啤酒还是一个情景物。

第二节　种植文明的最早符号是面包还是啤酒?
——啤酒起源的第二个问题

自然界中有成千上万种植物可供人类食用。然而,无论是现在还是过去,有实际食用证据的植物数量只有数百种,目前大约30种植物提供了95%以上的能量来源。这些主要作物包括小麦、玉米、大米、小米和高粱等禾本科作物以及山药、木薯、芋头、马铃薯等块根作物。第三类栽培植物——豆类,虽然食用量少于主食,但由于其蛋白质营养的高质量及其提供的多样性,在人类饮食中也发挥了重要作用。但是现代饮食中的植物大部分都存在天然营养限制,并且生物进化过程中植物都会形成一定的抵御外界捕食的能力,比如产生各种毒性反应来阻止被捕食。根据遗传学的研究,在人类不断的生物进化过程中,人类也已经形成克服自然植物防御机制的能力——生物适应,在植物成为饮食之前,人类必须遗传进化出一些过程,比如基因改变或消化代谢适用,来消除或抵消植物毒素的副作用。

然而,更多的人类学家及史学家认为,人类克服自然植物防御机制是文化适应而不是生物适应。"任何可以通过学习传播的行为改变都比基于基因的改变建立得更快。"这就形成了一种新的"范式"或概念方法——生物和文化进化不再视为孤立的现象,而是研究人类物种的生物进化能力与补充这些生物逻辑适应的文化进化因素之间的关系。

由于植物中存在的天然营养限制,如何选择并制作满足营养需求的食物就是石器时代的人类向农耕时代跨越要致力解决的一个问题,而这也对动植物驯化、人类饮食的进化演变起到重要作用。人类学家所罗门·卡兹认为,在使植物变得无毒或者使之适宜食用的最有效习得行为是食品加工或烹饪实践。而发酵无疑就是一种很好的加工方式——啤酒和面包都是发酵食品。啤酒和面包作为谷物利用的手段之间的本质区别在于,发酵是否产生酒精。面包的一个主要优点(除了它不含酒精的事实)是它的制作比啤酒更快,同时也更便携,以便于进行长途旅行。两种食物很可能都已被中石器时代初期的猎人和采集者所使用,但数量不详。①

发酵和酒精饮料在过去全球的农业和城市社会宴会和社交活动中发挥了关键作用,但起源仍然难以捉摸。长期以来,人们一直推测对啤酒的渴望可能是谷物驯化背后的刺激因素,从而导致了人类历史上一场重大的社会技术变革,但是这个假设一直备受争议。

争议的焦点主要在于,谷物是首先用于制作面包,还是首先用于酿造啤酒? 即争论的专家分为两大派:"面包派"和"啤酒派"。这种质疑就把种植文明的发端、谷物的驯化、饮食的改变——啤酒和面包的诞生绑在一起了。紧接着的问题便是,谷物的驯化是由面包推动的还是啤酒推动的? 这成为啤酒起源(也是谷物种植起源)的主要争议问题。

啤酒派认为啤酒的发现和消费导致了人类种植文化的发生,代表人物为人类学家卡兹。其1986年的研究证明,黎凡特②南部(目前的证据表明这是最初发生驯化的地区)的人体骨骼中的元素示踪显示,谷物只是日常饮食中的一小部分。该地区的村庄以及其他发现驯化谷物的地点中,几乎没有发现烧焦的谷物,这也推断出对谷物的依赖程度较低。另一方面,烧焦的种子在北部区域却很常见。这种差异表明地区之间的野生谷物的利用形式差异很大。如果谷物实际上只是饮食中的一小部分,那么基于热量需求的食物假定就会被削弱。此时,对酒精的渴望将构成一种心理和社会需求,而这可能很容易促使生存行为发生变化。啤酒,无论是作为谷物类食品(饮的重要部分)的组成部分,还是仅是动物性食物或其他植物性食物组成的饮食中偶然出现的部分,这种需求将会必然出现。在此基础之上,卡兹提出了谷物驯化的可能过程。

(1)人们收集栖息地附近的野生谷物,包括大麦和小麦。

(2)利用谷物制造稀粥,在这个过程中人们逐步发展出了酿造技术,包括谷物的意外发芽及再干燥(有助于去壳)后变甜;在稀粥中使用发芽的、磨碎的谷物,放置在空气中没有发生腐败,反而产物——啤酒——的味道尝起来很甜并且产生愉悦的情绪刺激。

(3)作为发酵产物的啤酒为当时人类的饮食增加了新的高营养食物,同时人们对酒精的渴望因其社会价值而变得愈发重要。

(4)一旦酒被纳入特定的社交或仪式活动中,那么持续酿造就显得异常重要。当

---

① Katz S H, Voigt M M. Bread and beer[J]. Expedition, 1986, 28(2):23-34.

② 黎凡特源于拉丁语 Levare（升起）,指日出之地,是一个不精确的历史上的地理名称,相当于现代所说的东地中海地区。今天位于该地区的国家有叙利亚、黎巴嫩、约旦、以色列、巴勒斯坦。

原材料的野生谷物供应不足时，人们就开始进行试验性种植或繁育，并且文化价值观和传统会鼓励人们代代相传地保存谷物，直到谷物被完全驯化。

宾州西彻斯特大学啤酒酿造学教授罗杰·巴斯教授在 2013 年的研究中也证实了这一点：啤酒最初产生的时期，其存在的意义可能更大原因也是因其饮食性、营养性——在古代啤酒中含有丰富的酵母、蛋白质和淀粉等，几乎可以认为是一种完整的食物。①

卡兹等人的"啤酒说"认为原始啤酒的诞生促使了人类从游牧社会向农耕社会的转变，显然将起源期的啤酒看作是一个引发谷物种植的物语符号，或者是一个由采集文明向农业种植文明过渡的"文化酵母"。②

与"啤酒说"相反的是"面包说"，即认为啤酒起源于面包，啤酒酿造不是引发谷物种植的农业革命符号。丹麦国家博物馆馆长、历史学家汉斯·海尔拜克提出面包生产先于啤酒酿造："如果说酿酒从一开始就是谷物的主要用途，那么应该预料到农业的传播首先是通过传播酿酒知识来实现的。但是，正如许多例子所示，情况并非如此。"他还援引波兰农业植物学家毛里西奥的观点进一步说明——"水与植物性食品混合，制成某种悬浮液、提取物或溶液——粥，这是一种基本且非常古老的食物制备方式……通过这个基础，就可以引申出两条发展线路：一条线是由粥直接通向面包；另一条线是将粥发酵生产啤酒、葡萄酒和烈性酒精饮料。"他认为面包的生产是一种更加原始自然的发生过程，而生产啤酒的"麦芽"（对谷物有意进行酿造的产物）则需要更为复杂的技术。面包生产和麦芽生产相比，人们会自然而然地认为酿酒要晚于面包制作。从最广泛的意义上来说，在技术顺序上，就像人们会倾向于认为第一批驯养牛是为了食物——肉和牛奶，而不是为了用牛奶制作令人陶醉的饮料一样。③

同时也有一些学者也提出了较为中立的观点。柏林马克斯·普朗克科学史研究所的彼得·达梅罗教授认为："啤酒酿造技术的发明是否可以追溯到新石器时代的开始，至今还没有相关的权威考古资料证明。然而，由于农业的发展与收获后的谷物进一步加工有关，啤酒酿造很有可能与制作面包一样，很快成为谷物保存和利用的共同过程。"④

哈佛大学教授保尔·曼格施多夫认为，其实未发酵的原始面包才是发酵面包与啤酒的共同鼻祖。即早期使用谷物用来进行酿造而不是制作面包，不是因为口渴比饥饿

① Barth R. The Chemistry of Beer: The Science in the Suds[M].Hoboken: Wiley, 2013.

② 周茂辉. 啤酒之河：5000 年啤酒文化历史 [M]. 北京：中国轻工业出版社, 2007: 15.

③ Braidwood R J, Sauer J D, Helbaek H, et al. Did man once live by beer alone[J]. American Anthropolog ist, 1953, 55(4): 515-526.

④ Damerow P. Sumerian beer: the origins of brewing technology in ancient Mesopotamia[J]. Cuneiform Digital Library Journal, 2012(2): 1-20.

更强烈,而是因为最早的谷物更适合酿造啤酒而不是制作面包。因为考古发现的野生谷物的谷壳还都依附在谷粒上,这种附着有谷壳的谷物在没有额外加工的情况下几乎无法用于制作面包,但是可以用于酿造,而大麦就是用于此目的的首选谷类。但是同时,他也认为"如果这些古老的谷物不是用于作为食物,那他们采集的或早期种植的食物是什么?因为人类不能只依赖啤酒,即便是啤酒与肉一起也不能满足需求",啤酒不可能被当作碳水化合物的主要来源。

"啤酒说"和"面包说",实际上争议的焦点是:原始啤酒是否有资格充当导致种植文明的文化符号?它是否是比农业种植更早的、对自然进行某种人为控制的功能物技术?

来自以色列的最新证据支持了"卡兹"说——啤酒酿造可能是谷物种植的动因。2018年,斯坦福大学的考古学教授刘莉在黎凡特一带的拉切夫洞窟中发现了距今13000年的石臼,并从中提取到啤酒残留物,这是迄今为止的啤酒酿造最古老物证,也是纳吐夫人普遍酿造啤酒的直接证据,表明啤酒酿造比近东的谷物种植时间早数千年。同时,她们的研究指出,酿制啤酒并不代表农业生产活动的过剩,更大的可能是出于祭祀等仪式活动或精神需求;但是在某种程度上,酿酒是早于农业生产活动即谷物驯化的。[①]

显然,纳吐夫文化的啤酒考古新证不仅支持了"卡兹"说,同时也代表了啤酒演化的新阶段,至少在13000年前,啤酒已经从情景物的自然酿造发展到功能物的人工酿造。啤酒作为一种文化物语,它的一部发展史就是在情景物和功能物之间互动的关系史。这种关系本质上是人类与它所处的生存环境之间的符号性模塑方式,而啤酒则成为人类对环境的依赖(情景)和控制、超越(功能物)模塑活动的文化空间和物语符号。

这些争论目前仍在持续。本文认为,面包和啤酒的关系的讨论具有以下意义。

其一,啤酒和面包的生产都是以谷物为原料,它们共同推动了人类对谷物的驯化,从而导致了种植业的诞生。争论的焦点仅仅在于谁优先出现,是啤酒先于面包,还是面包衍生了啤酒。

其二,啤酒和面包代表了两种不同的生产方式:面包生产更接近自然的发生过程,较少技术的干预,相对而言具有情景物特征;啤酒的酿造则更多带有人的意图和技术参与因素,相对而言具有功能物特征。这两种生产方式被卡兹描述为生物进化的力量和文化进化的力量。于是,"一种'新范式'的概念方法被发展出来,它不将生物和文化进化视为孤立现象,而是研究人类物种的生物进化能力与文化进化因素之间的关系"。卡兹所说的"新范式",即本文采用的词与物关系性的立场:啤酒和面包是同一

① Liu L, Wang J, Rosenberg D, et al. Fermented beverage and food storage in 13, 000y-old stone mortars at Raqefet Cave, Israel: Investigating Natufian ritual feasting[J]. Journal of Archaeological Science: Reports, 2018, 21: 783-793.

谷物驯化场景中的两个有机部分、虽然它们是带有区别性但又密切互动的两种发生方式。

其三,啤酒酿造具有自然法则和文化法则双重属性。酿造一方面代表人类文化对大自然最初切入,成为有目的地对谷物的加工活动;同时,这种文化活动又是一种非主动、自然演化的行为:对谷物的驯化、种植业的诞生不是人类主动设计的结果,而是啤酒酿造(据卡兹的观点)的意外衍生品。也就是说,早期啤酒既是一种文化功能物(对自然的人为干预),又是一个自然情景物,它作为一个“物品”引发和推动了更高级的文化行为——谷物的驯化。一个新的物品出现常常导致文化的进化,文化的改变要适应新物品的功能。

其四,啤酒内部各要素浑成关系中以麦芽主导,所以,起源期啤酒也可被称作面包期或者麦芽期。

第三节　起源期啤酒的物语特征

我们已经把啤酒置于符号学视野之中进行考察了。它导致了我们对于人类文化符号的啤酒看法的转变。

其一,它是一个物语而非自然客观之物,啤酒不是它自身,而是一种符号关系。

其二,这种符号关系包括啤酒的背后所隐含的人和他的生存环境(天人)之间的关系以及作为物语的啤酒和其他文化符号之间的系统关系。

哲学也研究天人关系,但它研究的是这种关系本身;但符号人类学研究的天人关系,是借助于某种物语符号(如啤酒等),去还原它背后的天人关系生产机制。另外,除了天人关系决定了啤酒符号的意义之外,还取决于符号的系统关系:啤酒符号在一个文化符号系统中的相对位置,比如自然酿成的啤酒相对于人工酿成的啤酒而言属于情景物、是自然法则作用于人的感知的结果;但相对于未被人类发现、辨识、命名、利用的自然酿成的啤酒而言,人类最早品尝的原始啤酒又是功能物,因为这种天然啤酒已经被嵌入了人的意图和文化行为,已经通过辨识、命名和某种人工手段把天然啤酒从纯粹自然物体系中独立和凸显出来,纳入文化符号体系之中而成了人的“上手之物”。因此,这时的天然啤酒又是离境化的、低语境的。这就是符号的系统关系:一个啤酒符号的意义不仅取决于人与自然环境的关系维度,还取决于符号与符号之间的关系维度。

其三,物语包括情景物和功能物两种符号化方式。起源期啤酒,其实内部隐含了情景物和功能物二元关系动力机制,我们之所以整体上将起源期啤酒命名为“情景物”文化符号,是在与它相对的另一啤酒文化符号(如麦芽期、酒花期的啤酒)的系统关系中确定的。起源期啤酒内部亦存在情景物和功能物二元关系的动力机制(如未被命名和已被命名的天然啤酒,如自然酿造和人工酿造的啤酒)。但是,倘若我们把起源期啤酒与稍晚于它的麦芽期啤酒做对比项,就会发现,麦芽期啤酒呈现功能物倾向,相对而言起源期啤酒是情景物的。

（1）即刻性。作为情景物的物语活动中,生命体和它的生存环境被嵌入一种高语境的即刻关联中。[①]当原始初民第一次品尝到野生啤酒的味道时,舌尖与啤酒之间就被"品尝"这一事件嵌入到一种即刻关系中。一旦脱离接触,这种即刻性关联就被解除。即刻性也就是在场性,它是指对象物环境和生命体的同时在场,相互触摸,相互向对方呈现自身。准确地说,即刻性是一种事件而不是某物,指在生命体与环境界相互召唤的交流事件。在高语境的物语交流中,事件不是围绕人而主要是围绕物展开,尽管人参与了事件的构成。譬如起源期的野生啤酒,它先于人而存在,人通过辨识、命名、利用虽然使它离境化、低语境化了,但是野生啤酒的即刻性主要是围绕这一自然环境物而展开的交流事件,或者说即刻性是以环境界或物体系为主导的高语境事件。而人造啤酒,则是在一个脱离与自然界即刻性关联的人为操控事件,相对而言是低语境的、人主导的。

情景物的即刻性、事件性是不可预见的、随机性的,它不会把自己凝固在某一瞬间,也不会局限于某个经验个体或固定规则,它是在时间中、在人与物的互动中逐渐展现的一个过程、一个历史事件,我们无法穷尽地把它简单地描述为一个可重复的对象。在野生啤酒时期,人们永远无法用同样的方式遭遇或获得同样的啤酒,也无法品尝到同一种味道的啤酒。而人造啤酒却是一个可重复的对象。根据前述的考古发现,人类在13000年前就进入了人造啤酒阶段,纳吐夫人的酿酒过程包括三个可重复的步骤:其一,浸泡谷物(主要为大麦或小麦)制成麦芽;其二,捣碎并加热麦芽;其三,利用野生天然酵母菌(主要为空气中)发酵制成啤酒。这显然是一个低语境的"非即刻性"的事件,这种啤酒的生产基于人们将啤酒的物质活动从自然界中抽离出来,酿酒要素大麦、麦芽、水、加热、发酵……这些物质过程主要是在脱离自然物体系即刻关联的人为控制环境中完成的,其酿造活动本身是基于既定的、预料到的、可重复操作的人为安排。

（2）存在性或本土性。物语符号的特点在于,它既是代表的又是存在的。原始啤酒代表着种植文明,但是它不等于种植文明。代表性是符号的一个基本特征,它总是代表不是自身的他物。符号的存在性则是符号与其代表自然对象之间具有较高程度的物质性关联,如沙滩上的脚印。拉切夫洞窟石臼上的遗留物,成为原始期啤酒乃至种植文明的物证,也是一种存在性符号。

任何符号都是代表性、指示性的,但也有存在性大小的问题。情景物指生命体对其生存环境之间的高度依赖性,这个意义本身就是存在性的。大田菜和大棚菜都是种

---

① ［爱沙尼亚］卡莱维·库尔,瑞因·马格纳斯.生命符号学:塔尔图的进路［M］.彭佳,汤黎,等译.成都:四川大学出版社,2014:52.

植的,它们都可以充当代表人与自然关系的物语符号,但是相对而言大田菜是人为干预程度较低的物语,它与自然的物质关联度即存在性更强。因此,符号的存在性意味着,符号本身成为所指对象的物质性或自然属性的一部分。符号的存在性是在它与所指对象的自然关联或某种一致性中获得的。大田菜和野草,后者与大自然之间的一致性更紧密,作为物语它的存在性更强。

符号的存在性与地方性、本土性这些概念相通——本书将地方性视为主体及其环境之关系的、一以贯之的特性……这些符号结构以如此的方式和环境一起出现,以致如果不大大改变结构或是结构所包含的信息,它们就无法脱离环境……一个符号过程总是包含着特别的、独有的现象。①

原始啤酒不像今天的"百威""喜力"是一个全球化的概念,它具有地方性和本土性,它属于近东那块特殊的、适合谷物种植起源的土地。稻米、小米与高粱是非洲与亚洲的重要谷物,约公元前 8000 年起,那里的人便开始种植。同时,他们已有能力制造耐火陶器,当作烹煮工具广为使用,因此极可能以烹煮来替谷物去壳,或将之熬煮成粥。但是中东的肥沃月湾地区则有些不同,在他们栽种、驯化野生大麦时,尚未出现陶器,因此该地区的人便将大麦捣粉揉成面团,起初是拿到太阳底下曝晒,后来才发展出置于炙热石头上或放进炉子里烤成面包的做法。上述比较,不仅显示面包与粥糜文化间的差异,也生成了截然不同的啤酒酒类。②

所以,啤酒的味道是一个本土化的符号,它深深植根于特定的土壤、气候、物产等地理条件。啤酒是一种谷物制品,其酿造成果直接与酿制用谷类的取得条件相关,因此啤酒文化多出现在麦子等谷物产量丰富且易得的地区与时代。

起源期啤酒与它的发生地或本土化自然环境具有某种物质上的一致性,这就是它的生存性和本土性。当然,存在性是指符号结构中所体现的存在性,或说原始啤酒作为一个物语符号。符号学的生存性或本土性实际上是人与环境之间的符号过程,人通过使用符号(物质手段、语言、形象、仪式等)实现自身与生存环境物质性关联的符号化方式。

像原始啤酒这类的物语被符号学看作是"生态符号"。生态符号属于那些与自然环境具有密切关联或某种一致性的生命(包括人)的交流活动。显然生态符号属于我们所谓的情景物符号,它是"生存性"的、与自然和本土高度关联的。原始森林与次生林相比,前者是生态或生存性符号;次生林与园林相比,次生林又成为高语境的生态、生存符号。生态符号学中的自然不是纯自然对象,而是符号条件下指涉的自然,包括

① [爱沙尼亚]卡莱维·库尔,瑞因·马格纳斯.生命符号学:塔尔图的进路[M].彭佳,汤黎,等译.成都:四川大学出版社,2014:151.

② [德]法兰兹·莫伊斯朵尔弗,马丁·曹恩科夫.酿·啤酒:从女巫汤到新世界霸主,忽布花与麦芽的故事[M].林琬玉译.中国台北:大好书屋-日月文化,2016:31.(无大陆版本)

零度自然是自然本身（如绝对的荒野）；一度自然是我们所看到、认出、描述和解释的自然；二度自然是我们从物质上翻译了的自然（原始期的啤酒人工酿造就是对野生啤酒自然酿造的模仿和翻译，谷物种植就是对野生谷物的翻译，这些生命活动被生态符号学看作是符号化过程），即被改变了的自然，被生产出来的自然；三度自然是头脑中的自然，存在于艺术和科学中。[①] 这四类自然显然涉及一个生存关联度——零度自然生存性、语境性最高，处于天人合一、物我不分的整体混成状态。如尚未被人类发现的野生啤酒就属于零度自然。被人类发现、辨认、命名和利用的野生啤酒则属于一度自然。工厂中生产的啤酒则是二度自然。今天按照艺术的法则生产的精酿啤酒属于三度自然。生态或生存符号主要是指接近零度和一度自然的符号。当然这是相对的。

（3）异质性。情景物总是指向它自己特定的生存环境和生命经验。在对所在的环境的适应活动中，物语所负载的生命活动将自身地方化、本土化了；同时，环境也被深深打上生命体的个性化烙印。这个本土化和个性化过程造就了情景物"一土一品"的异质多样性。因此，"起源期的啤酒"是一个现代人强加给它的通名。就实际情况而言，散布各地的起源期啤酒的品质各不相同，总是从属于生产它的自然环境，总是应生活的实际需要的那一刻而即时产生的。史上第一款啤酒，其发酵成分除了谷物外，也包括果实，或许还有蜂蜜及调味与麻醉类植物。也就是说，在哪个时期，各地区文化已有了不同的啤酒传统，而这些差异完全视当地谷物种类和酿酒技术而定。

广义上讲，以麦芽为糖分来源发酵产生的酒精类饮品，都可以叫作啤酒。而在啤酒花或者其他的调味品还未成为质料之一的史前新石器时代，彼时的啤酒与今天的啤酒应该是不同的东西——这也是啤酒史上所谓的古代啤酒：即用发芽谷物（主要指大麦）通过野生酵母菌发酵生产的饮料。根据考古发掘的资料发现，最初的啤酒仅来自谷物（主要为大麦、小麦）的自然发酵，其形态可能类似稀粥，并且也没有现代啤酒中啤酒花等调味品的添加。但其与我们现在认知的啤酒也有相似的特征，即都是源自谷物发酵。

起源期的啤酒的异质性来自即刻性活动的不可控制性、本土化和生命体个性化的双向适应，因此各地区不同的啤酒的差异，完全视当地谷物种类和酿酒技术而定。啤酒的这种异质性是由人类生命活动的差别化物质活动造成的，也即人与生存环境的存在性关联造就了独一无二的啤酒味道。异质性，类似本雅明关于事物的"光晕"这一概念："传统艺术区别于在现代科技和生产力的发展中进入机械复制时代的现代艺术的审美特征。'光晕'的含义同疏离感、膜拜价值、本真性、自律性、独一无二性等有联系，用来泛指传统艺术的审美特征。传统艺术由于其偶尔产生，具有独一无二的时空

---

① ［爱沙尼亚］卡莱维·库尔，瑞因·马格纳斯.生命符号学：塔尔图的进路［M］.彭佳，汤黎，等译.成都：四川大学出版社，2014：139.

存在,这种独一无二的存在构成环绕艺术品的灵光圈。即原作的本真性、唯一性和权威性。而在机械复制时代,由于现代科技对作品的大量复制。作品存在的价值一再被贬低。环绕它的'光晕'也就消失了。"[①] 光晕处在变化之中。说到底,物事的每一个变动都可能引起光晕的变化。[②] 物语的异质性或光晕是应生活的实际需要的那一刻而即时产生的,具有不可复制、独一无二的品质。

（4）整体性。生物符号学把自然环境看作是一个以生命体的交流活动构成的整体,叫作"环境界"。环境界中的每个要素都围绕生命体的活动保持着整体性关联:"当我们在描述环境界的形成时,这些系统总是被视为包含在生命体本身的整体之中的。"[③]

情景物野生啤酒的形成就是一个环境界。野生大麦、浸泡大麦使之变为麦芽的天然雨水、传播酵母的昆虫偶然导致的发酵及其产品——野生啤酒。这个过程是在没有人为干预下生命体（植物、动物）之间整体互动而形成的野生啤酒"环境界":野生大麦遭遇雨水而自然发芽,麦芽遭遇昆虫传播的酵母而发酵。在符号学看来这种"遭遇"是一种符号感知:大麦感知着雨水,麦芽感知着天然酵母,然后做出生物性的应对和反应。它们相互之间形成一个彼此依赖的功能圈,即环境界。这个没有人为干预的环境界,围绕着非人类的物质性生命活动构成一个不可分割的有机整体。野生啤酒的"环境界"中,酵母经常与水果、树叶、花朵及植物汁液一同现身,而且会随着季节大幅变化,夏季时酵母出现的量是最多的。昆虫作为环境界中传播酵母最重要的使者,使环境界中的物语链产生"刺激—反应—应对—选择"的符号化活动,这个活动会发生在碰伤或过熟的水果上,发生在加水稀释蜂蜜时,发生在植物流出汁液时,这时形成的野生啤酒或某种神秘的液体让许多动物包括人类感到陶醉。野生啤酒"环境界"的有机整体性,不是用把整体化约为各部分之组合的手段,加以人为分析和改造。

高语境整体性,就是物语或符号化活动中的各个要素非人为有意干预的整体性"自在"状态,物语具有整体上的有机关联而不可分析、化约。一切减少、淡化人类有意干预和整体分解的符号化活动,都是倾向于整体性的、高语境的。

（5）私语性。起源期的啤酒主要发生在人类蒙昧期,彼时没有文字手段将啤酒的技术变成共享的知识经验进行跨时空的传播。一切关于啤酒的话语和知识都停留在隐性编码和即刻关联的语境之中。隐性编码主要是指高语境的口头语言和身体语言;即刻性关联指的是隐性编码的稍纵即逝性,它只针对即刻关联的情景物进行表达。因此,相关的经验、技术只存在于高语境的私人领域和私语化表达中。

① 朱立元.美学大辞典（修订本）[M].上海：上海辞书出版社,2014:420.

② 方维规.本雅明"光晕"概念考释 [J].社会科学论坛（学术评论卷）,2008(09):28-36.

③ [爱沙尼亚]卡莱维·库尔,瑞因·马格纳斯.生命符号学：塔尔图的进路 [M].彭佳,汤黎,等译.成都：四川大学出版社,2014:44.

小 结

啤酒的起源，一般认为发生于人类从狩猎采集文明向农耕种植文明转化、伴随着谷物的驯化而产生的。

啤酒像人工驯化的谷物一样，也是一个物语符号，它的生命史中蕴含着人与自然的关系方式。这种关系方式体现为两种基本的符号化方式：情景物和功能物。

即使在啤酒的起源期，啤酒的产生也具有情景物和功能物的双重属性。其情景物特征主要表现为啤酒的产生更依赖大自然的馈赠，而功能物特征则表现为随着酿造技术的发展啤酒所具有的人工产品性质。

学术界围绕最早的啤酒是自然酿造还是人工酿造这个问题展开争论，其实反映了作为物语的早期啤酒所具有的情景物和功能物双重特征，争论的焦点只不过是：情景物主导还是功能物主导。学术界争论的第二个问题，谷物种植起源于面包还是啤酒，也是物语两种关系方式的问题：谷物起源的面包说倾向于啤酒是自然酿造而成的，是情景物主导；谷物起源的啤酒说则预设了啤酒酿造技术的成熟，是功能物主导。

通过对以上两个争议问题的讨论，本章将其归结为关于起源期啤酒物语的两种符号化方式的争论，进而说明即使起源期的啤酒，也是物语而非自然客观之物。啤酒不是它自身而是一种符号关系。这种由情景物和功能物二元关系运动构成的啤酒符号，背后所隐含的人和他的生存环境之间的关系以及作为物语的啤酒和其他文化符号之间的系统关系。

本章主要是分析了起源期啤酒内部所隐含了情景物和功能物二元关系动力机制，但拿起源期啤酒与下一个历史期的麦芽期、酒花期啤酒做外部对比，那么起源期啤酒整体上是以情景物主导的物语，因此主要表现为即刻性、本土性、异质性、整体性和私语性这些属于情景物符号的特征。

第二章

麦芽期的啤酒

现代啤酒的主要构成是麦芽、啤酒花、水和酵母。这四个要素的无限组合形成了各种各样的啤酒风味。但在情景物条件下，野生啤酒整体性紧密依赖它所赖以产生的自然环境，其构成要素尚处于混成不分状态。一部啤酒的发展史，就是在情景物和功能物两种文化力量的博弈中不断功能物化的历史。本章重点讨论苏美尔人和古埃及人对啤酒功能物化的历史贡献。

第一节　啤酒生产过程的功能化

所谓功能化，即一个整体性物语事件从其依存的环境中抽离出来，变成由不同要素构成的、可以重复出现的结构系统。啤酒发展的第一次功能化或结构化，就是将大麦和麦芽从自然物体系中分离出来，纳入一个人为操控的结构系统中。

本文第一章曾提及，野生啤酒的酿造包括最重要的两个步骤：其一是雨水浸泡了野生大麦使之变为麦芽，其二是野生酵母偶然导致的发酵及其产品——野生啤酒。这一切都产生于没有人为控制的自然环境界，它是一个自然发生的、不可化约为各个人工环节和结构要素的整体性事件，一个由各自然物语构成的"环境界"。情景物的野生啤酒表征了零度自然时代，人对自然环境的高度依赖。

啤酒发展史上走向功能化最早的证据，就是13000年前的纳吐夫人的啤酒酿造技术的发明，酿造过程包括三个步骤：其一，浸泡谷物（主要为大麦或小麦）制成麦芽；其二，捣碎并加热麦芽；其三，利用野生天然酵母菌（主要为空气中）发酵制成啤酒。显然，纳吐夫人已经把野生啤酒酿造的不可分析的整体性事件，分解为三个可以区分、解释、人为控制的人工步骤。这三个步骤与自然环境紧密相连，但更重要的是，啤酒的酿造已经从对自然的依赖转向对人的生命活动的依赖。当环境界围绕人的身体而展开和布局的时候，这是文化对自然的主动切入，是自然情景物走向人工功能物的关键步骤。啤酒生产的功能化首先表现为对野生谷物的驯化，通过人工种植技术生产大麦等谷物;然后通过人为技术将谷物转为麦芽并利用野生酵母发酵成酒。这一系列技术活动标志着人类文化由情景物的原始荒野和采集文明(零度和一度自然)转向功能物的对自然环境进行改造的谷物种植文明(二度自然)。相应的对各种野生动物的驯化(家畜、家禽)也大致发生于这一阶段。被驯化的动物彻底告别了其野生祖先的生活习性,它们的生命存在本身也成了驯化者的意志和功利需求的某种附属物和保证。从这种互动关系上看,被驯化之畜群不是这个星球上生物种自然选择的结果,而是人类中心主义价值观开发、利用和改造自然的活例证。①

这样,被驯化的自然物已经不被看作是物自身而成为人类活动或意向的投射物,一种功能物的物语现象。

情景物的野生啤酒,自然发生于一个整体性"环境界"。功能物的人工啤酒的出现,主要发生于公元前 7000 年以来的苏美尔人和古埃及人的啤酒酿造技术的进步。它意味着野生啤酒的自然整体性被分解为由各个人工环节和结构要素形成的文化世界。酿酒的操作链条更加淡化对自然物体系"环境界"的依赖,而转向人的文化秩序或更加人工化的技术环境。

这个功能物的啤酒技术环境或技术链条,主要由以下五个要素构成:

(1)适合的谷类;

(2)生产、储存与运送用的坚固容器;

(3)能帮助形成酒精的酵母(如果实、蜂蜜、发酵面团等);

(4)将谷类淀粉转化为糖类的处理程序;

(5)有了词语化和显性编码手段,有图文记录的文本来记忆、传播啤酒生产的经验和对啤酒的感知和评价。

起源期的啤酒介于野生和人工之间,并不完全具备上述五个要素。直到苏美尔人和古埃及人那里,这五个要素才逐渐同时具备。这个人工啤酒的生产链的形成,标志了啤酒生产从对野生的一个整体性"环境界"的依存中抽离出来,变成由不同要素构成的、可以重复出现的结构系统。这是啤酒发展的第一次功能化或结构化。

"自为"一词在哲学中有区别、分化、展开之意。啤酒文化的成熟,就是由"自在"的或人与自然整体浑成的啤酒生产、感知和表达,逐步走向"自为"的天人相分、逐步走向人类主动设计的进程。

一、合适的谷类:麦子

麦子和麦芽是啤酒生产的最基本物质原料。如果说原始期的野生啤酒是一个采集符号,啤酒是采集文明的先民对野麦偶然利用的产物,那么,苏美尔、古埃及文明进入农耕社会以后,啤酒就成为一个农耕符号。它的生产首先与麦子的种植有关。或者

---

① 叶舒宪.亥日人君 典藏图文版 [M].西安:陕西人民出版社,2008:26.

说,麦子的种植是啤酒生产的首要条件。

西亚的底格里斯河和幼发拉底河中下游地区(今伊拉克境内及叙利亚北部一带),是人类最早的文化摇篮之一。希腊语称这块地方为"美索不达米亚",意即两河之间。与尼罗河相似,两河也是每年定期泛滥,为经营农业提供了便利条件。美索不达米亚平原从西北向东南延伸,形似一弯新月。早在前5000年,已有苏美尔人居住在两河流域南部。从公元前5000年开始的锄耕农业至公元前3500年,这里已开垦成河渠纵横、盛产大麦和椰枣的良田沃野,因有"肥沃的新月地带"之称。①所种植作物为一粒小麦、二粒小麦与双棱大麦,二粒小麦与大麦是早期苏美尔啤酒的原料。公元前2900—公元1600年,谷类种植的范围扩大,六棱大麦成为美索不达米亚平原的主要作物,占所有耕作内容的70%-98%。因此,乌尔第三王朝(前2110—前2003)期间的啤酒已经不含二粒小麦的成分。这种以大麦种植为大宗的状况,不仅影响粮食的生产,也连带改变了牲畜的饲料;被大众普遍认可为交易媒介的大麦,亦成为美索不达米亚文化的代表性象征。

古埃及也是啤酒文化和大麦种植的重要发源地。前文曾提到,在中东及古埃及地区出土了9000～10000多年前的大麦标本,考古学家甚至在埃及找到了18000年前的大麦遗存,证实人类最早在该地区种植大麦。古埃及人很早以前,就能够酿造多种不同风格的啤酒。

除了大麦之外,所有主要的谷类作物,如小麦、燕麦、黑麦、小米、玉米、高粱和大米,都可以被用来制造啤酒。由于大麦种皮周围没有外壳,且其淀粉、蛋白质的性质等,在脱壳技术并不发达的古代,决定了其最适宜用来酿酒。

二、生产储存与运送用啤酒的坚固容器

合适的工具也是啤酒生产和消费的必备条件。

根据考古及文字资料,苏美尔人和古埃及人酿造啤酒所用的器具基本都是陶器。美国宾夕法尼亚大学的人类学家Rudolph H. Michel、Patrick E. McGovern以及加拿大多伦多大学的近东研究学者Virginia R. Badler,分析了戈丁山丘贸易站遗址中考古发掘出的公元前4000年末期(乌鲁克晚期)的双柄陶罐,发现陶罐内侧分布有纵横交错的凹槽,并且经过化学检验得到淡黄色残余物为草酸钙,分析认定这是古代啤酒残留物——大麦啤酒经长期贮存后所产生的钙质,这与古埃及新王国时期的啤酒存储容器中的内含物一致(无论是墓室壁画还是浮雕均明确表明,这些埃及容器是用于储存啤酒)。②

---

① 宛华.图解世界通史[M].北京:中国华侨出版社,2017:7.

② Michel R H, McGovern P E, Badler V R. Chemical evidence for ancient beer[J]. Nature, 1992, 360(6399):24.

同时,当时苏美尔表示啤酒术语的文字图形是一个有刻度的罐子图形,比较而言,两者都具有相应的凹槽和标记,凹槽的设计是用于保留啤酒沉淀物而更利于饮用,而标记是用于盛量啤酒的刻度。因此结合考古学和文字证据,这个陶罐是用来储存或发酵啤酒的容器(图2-1)。这一发现表明,最迟在公元前4000年,啤酒酿造技术及制陶技艺就已经存在于苏美尔人的生活中了。

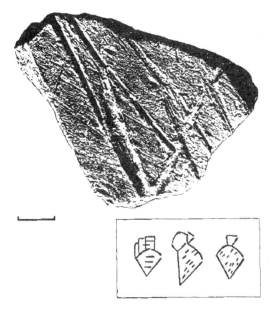

图2-1　公元前4000年的陶罐及啤酒的象形文字

用吸管喝啤酒也是啤酒文化里不可缺少的部分。由于当时的啤酒没有经过筛选或沉淀,所以人们总是通过吸管饮用,避免吸入漂浮物及沉淀物。饮用吸管通常是由芦苇制成的,因此大部分在很久以前就已经腐烂了,但是也有少许精心制作的留存了下来。考古学家在今伊拉克北部高拉土丘遗址发现了公元前4000年的一枚苏美尔人的印章(图2-2),显示了美索不达米亚(前公元4000年)最早的啤酒直接证据。图2-1的印章上展示了两个人用弯曲的吸管从罐子里吸饮啤酒。[①] 考古发现了许多这样的圆柱形印章,显示人们(通常是两个人)通过公共容器中的吸管喝水,这支持了喝啤酒是一种社会活动的观点。

---

① Hornsey I S. A history of beer and brewing[M]. Cambridge: Royal Society of Chemistry, 2003: 77.

图 2-2　伊拉克北部高拉土丘遗址发掘出的苏美尔人的密封印章 [1]
（此图现存宾夕法尼亚大学考古与人类学博物馆）

三、将谷类淀粉转化为糖类的处理程序

这一个过程在今天的啤酒酿制过程中称为制麦和糖化（糊化）。

根据考古资料还原当时的糖化过程应该为：将大麦谷物泡在水中，使其吸收水分发芽生长。然后将其干燥，要么在阳光下晾晒，或者轻轻加热，产生绿色麦芽，在这个过程中合成的淀粉酶将谷物中的难溶性的淀粉转变为可溶性糖。进一步在稍高的温度下进行进一步焙干，产生"熟化"麦芽。这一步也是接近现代制麦的原始方式。在这种形式下，麦芽是一种可储存的商品。利用石器进行手工捣碎干麦芽研磨成粉，比如在黎凡特南部的纳吐夫遗址发现了公元前 10000 年的镰状刀片、石头敲打和研磨工具以及储藏坑的证据。随后将磨碎的麦芽与水混合、加热进行糖化（糊化），经过不断地搅拌后，淀粉酶继续分解糖分使其溶入水中，产生稀粥状的麦芽糊醪液。

经过这两步后，谷物中难以直接利用淀粉就被转化成了可利用的糖。

公元前 1800 年的泥板文书《宁卡西赞歌》，这首赞歌被认为是酿造啤酒最古老的食谱之一。在其中就有"给放在地上的麦芽浇水"，并在"波浪上升，波浪下降"之前"把麦芽浸泡在罐子里"，这就是人工糖化过程。然后，赞歌又说到"宁卡西，你是那个在大芦苇垫上撒熟麦芽浆的人"，然后"清凉战胜"。[2] 这清楚地表明醪液通过某种方式达到了高温，发酵开始前必须有一个冷却阶段。将醪液分散到芦苇垫上，实际上是过滤出醪液中的液体成分——麦芽汁，并除去谷壳等谷物废料的一种方法。过滤后的液体在赞美诗中被称为"甜麦芽汁"，然后被引入新的容器中在那里进行发酵。

---

① 图来源：Katz SH, voight M M. Bread and beer[J]. Expedition, 1986, 28（2）: 23-24

② Hornsey I S. A history of beer and brewing[M]. Cambridge: Royal Society of Chemistry, 2003: 90.

四、能帮助形成酒精的酵母——发酵的面团

《宁卡西赞歌》中也描述了如何制作啤酒面包的方法:用"大铲子"将面团与"甜味物质(枣)"混合,"在大炉子里烘烤面包"和"整理成堆的去壳谷物"。大多数水果都含有大量、多样的酵母菌群,以及大量的霉菌和细菌。在制备面团时,一般都是加入某种水果汁,从而使得酵母菌株在面包中生长。发酵面团被做成厚面包,轻轻烘烤。同时由于烘焙温度和时间不够,不足以杀死酵母,也不足以破坏任何必要的酶。[①] 从技术上讲,这种面包也被称为"啤酒面包",是发酵过程中酵母菌的来源之一。在正式发酵之前,将制备的糊化醪液冷却,除了吸引野生酵母外,冷却麦芽汁能够增加酸度,而酸度的增加会促进酵母的生长。然后将烘烤的面包与麦芽汁混合进行发酵,同时"在发酵桶中加入枣汁和葡萄干",这样也从葡萄中引入了发酵酵母。"过滤桶,发出令人愉快的声音",就这样发酵便正式开始了。

也就是说,最远在公元前 1800 年的苏美尔人就已经知道酿酒涉及的两个阶段:首先,淀粉糖化;其次,利用酵母将麦汁发酵成酒精饮料。

五、有词语化和显性编码的手段

苏美尔和古埃及人已经拥有了功能物啤酒生产最重要的条件:文字书写。这是本章重点讨论的内容,详见下文。

第二节 生产工艺的配方化
——书写性文本是啤酒生产功能化的重要条件

通过书写性文本将酿造技术脱离即刻性身体经验而被观念性地把握,并实现离境化的传播和共享。这就是符号的关系性问题,情景物和功能物的性质不取决于物自身而取决于它在词与物关系中的位置:纳吐夫人的啤酒相对于野生啤酒而言是功能物的,但相对于苏美尔人的啤酒前者却又是情景物的。因为 13000 年前的纳吐夫人酿造技术、知识和经验的积累和传播离不开即刻性、在场性、情景物的言传身教,而无法通过文字书写进行离境化的交流。

在苏美尔人的象形文字中,很早就有大麦的象形符号文字(图 2-3)。

---

① Hornsey I S. A history of beer and brewing[M]. Cambridge: Royal Society of Chemistry, 2003: 90.

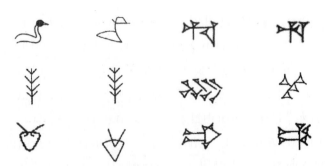

图 2-3　苏美尔象形文字演变（上：鸟；中：大麦；下：牛）①

文字的使用，使得啤酒的生产工艺可以文本的方式记录下来，进行异时异地的传播（图 2-4）。

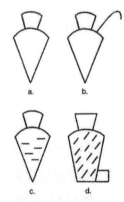

图 2-4　苏美尔象形文字中的啤酒和面包

文字书写是生产配方存在的基本条件。在口耳相传的条件下，生产配方具有即刻多变、不可重复的高语境特点。文字配方使生产经验离境化，可以在一个相对标准化的人为控制的条件下进行酒的酿造，进而把生产过程从对自然环境依赖转向对文字携带的词语指令的依赖。当然，即使野生啤酒的辨认和利用也带有人的意图和技术参与因素。但是书写的啤酒配方的出现，带来了文化与自然环境之间关系的新变化：野生啤酒或口述经验条件下的啤酒生产，是一种即刻性、本土性、异质性和整体性的发生事件，而书写性配方将这个事件转化成一个人为控制的、可以区分出不同结构要素的、不断重复生产的规则系统。这个规则系统包括了大麦的种植、浸泡、发芽、发酵成酒等若干环节，并将这个生产行为以言传身教、图像、文字等符号化记忆方式凝固为一套行为规则，供世世代代沿用。

啤酒的书写配方向我们显示的人类学价值在于：其一，结构化的啤酒生产被符号化为一个"菜单"。这就是巴尔特"技术性涵指"的意思：一切技术行为都受制于这样

① Richard Kern. Language, Literacy, and Technology[M]. Cambridge：Cambridge University Press, 2015：142.

一个先名后物的"菜单"。其二，这个配方被文字物质铭刻后显然具有重复传播的目的。其三，它标志着人类的啤酒生产开始走出高语境的"即刻性"和"私语性"，而私语性的知识是不能传播、不能共享、不能进入集体记忆里的知识，由野生时代进入离境化、重复性、标准化的人工生产，是以知识的词语化为前提的，知识的词语化主要表现为这个时期文字对知识的物质铭刻性。

图像同样地具有离境化的文化记忆功能，尽管它不是以概念而是以情景再现的方式。现存于法国巴黎卢浮宫的浮雕（图 2-5）再现了公元前 3000 年左右苏美尔人酿造啤酒的情景。

图 2-5 公元前 3000 年左右苏美尔人酿造啤酒的场景

在前 20 世纪至前 19 世纪左右，苏美尔王朝灭亡，巴比伦人、亚述人接管了美索不达米亚平原。由于啤酒生产知识的习语化，使得苏美尔文明的继承者得以获得啤酒的生产知识和经验，进一步推动了啤酒酿造技术的发展。他们知道了如何酿造 20 种不同的啤酒。其中 8 种用小麦酿成，8 种用大麦酿成，而另外 4 种则用混合的谷物酿成[1]。到了古巴比伦人时代，啤酒生产的配方化更加成熟。

关于苏美尔啤酒的第二个信息来源是各种类型的文学及图像文本，尽管现存的文本只是在苏美尔文化衰落之后写下来的。这些文本中最重要的当数——公元前 1800 年的泥板文书《宁卡西赞歌》（图 2-6），这首祝酒歌被认为是酿造啤酒最古老的食谱之一，至今仍在被人们传唱。赞歌中的主人公宁卡西，是世界上最古老的"酿酒女神"，也是人类有史以来第一位酿酒师，是努第目德国王恩奇与阿勃如圣湖王后妮悌的女儿，是受天神温柔的照护长大的，她的名字频繁地出现在苏美尔文明对啤酒的赞歌中。宁卡西赞美诗包含了对啤酒的赞美之情——"宁卡西双手捧着甜美的麦芽汁……把发酵桶放在一个大型收集桶上，它发出悦耳的声音……宁卡西从坛里舀着滤过的啤酒，就像底格里斯河和幼发拉底河的滔滔江水"；同时也包含了对酿造过程及工艺的描述——"首先将生面团与香料（葡萄干和蜂蜜）混合后在炉中烘烤，将麦芽浸泡至发芽，然后将麦芽浆煮熟并冷却；最后是麦芽汁的准备及发酵。待啤酒酿成后，将其从酿造

① 周茂辉. 啤酒之河：5000 年啤酒文化历史 [M]. 北京：中国轻工业出版社，2007：21.

缸过滤到储存缸中,便可以倒出饮用(多可以借助芦苇或金属制成的吸管饮用)。"

这是历史上第一份完整的古代啤酒酿酒配方(面包、香料、麦芽与谷物),并且详细披露了酿造的工艺过程(混合浸泡、贮藏在容器中发酵、过滤收集)。这是目前我们了解古代啤酒酿造过程工艺最重要的来源。

现代仍可以复原当时"宁卡西"的制作过程来酿制啤酒。1989 年,所罗门·卡兹与美国铁锚酿酒厂利用这个配方制作了一批啤酒。主要的步骤是:①谷物脱壳,制备啤酒面包(bappir)和大麦芽;②在水中将啤酒面包和麦芽捣碎;③从谷壳和沉淀谷物中过滤出麦芽汁;④在麦芽汁中添加酵母进行发酵,成为啤酒。①

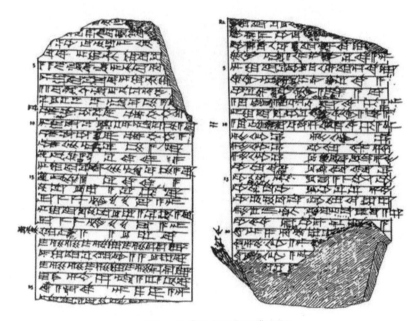

图 2-6 《宁卡西赞歌》石板
(来源:http://www.sohu.com/a/566506488-121119269)

关于啤酒知识的文学文献还有另一种类型,是所谓的皇家法规或宣传。最著名的是公元前 1800 年左右的《汉穆拉比法典》,这是世界上最古老、最完整的成文法典(图 2-7)。

法典由古巴比伦的汉谟拉比王(前 1792- 前 1750)建造,以楔形文字和阿卡德语写成,分为序言、法律条文和结语三部分,是规范巴比伦王国日常生活的法律制度。

法典的第 108 ~ 111 条,是有关啤酒酿造和出售的法律,对啤酒与酿酒师都有严格的法律规定,主要记录了啤酒酿造及消费过程中的规定及对犯下某些罪行的处罚措施,说明啤酒酿造及消费在当时是一项比较重要的日常活动与交易。法典非同寻常的严酷,保证了啤酒酿造及交易过程的公平公正,保护了当时的生产力、维持了正常的社

---

① Huang H T. Fermentations and food science[M]. Cambridge:Cambridge University Press, 2000:269.

会生活秩序,反映了古巴比伦(苏美尔人)对啤酒业的依赖和重视。

图 2-7 《汉穆拉比法典》石柱
(现存法国巴黎罗浮宫博物馆,来源于网络)

苏美尔人以口传、图像、文字等方式记忆和传播啤酒生产配方的符号化活动,同样发生在另一个啤酒文化和大麦种植的重要发源地——古埃及。

前文曾提到,在中东及古埃及地区出土了 9000 ~ 10000 多年前的大麦标本,考古学家甚至在埃及找到了 18000 年前的大麦遗存,证实人类最早在该地区种植大麦。[1]古埃及人在很早以前,就能够酿造多种不同风格的啤酒(图 2-8)。

---

① 周茂辉.啤酒之河:5000 年啤酒文化历史 [M].北京:中国轻工业出版社,2007:15.

图 2-8   古埃及制作面包、麦芽酿制啤酒的壁画[①]
左:原图;右:简化图

剑桥大学的考古学家缪赛尔博士用显微镜和电子显微镜,检验了修建金字塔的工人墓地发现的 200 多只陶罐的啤酒残留物,特别是对淀粉颗粒的分析表明,古埃及人使用了麦芽原料,将淀粉转化为麦芽糖。然后,将发芽但未加热的麦子一起混合在水中,利用天然酵母菌发酵,从而酿造出啤酒。

据推测,古埃及的第一款啤酒,应该是由二粒小麦、大麦麦芽、椰枣与小麦粉制成。后来,裸麦完全取代二粒小麦,大麦则作为酵素来源,发芽的大麦扮演过滤角色。由图像、文字诸符号构成的啤酒生产配方,代表着人类啤酒发展史上一次重大的"低语境化"转变:这些被文本化的配方使即刻性的野生大麦或啤酒的采集活动变为人工控制条件下的计划生产,人与自然之间通过符号形成了第一次隔离。起源期啤酒生产(如纳吐夫人)的经验知识是私语化的,私语化指的是不能被共享的即刻性经验和知识。那种经验知识的表述,只限于在场物向人们呈现自身的那一刻,人不过是物质过程的代言者,语言只能被动地传达对啤酒生产的某种瞬间注意而非理解,只能对原始啤酒产生的信息黑洞产生好奇而不可结构化、经验化的分析。而啤酒配方表示啤酒生产的概念化和可理解性(非即刻性、非生存性、同质化)的符号传达,这是啤酒的生产经验得以被重复、传播、共享的前提。

因此,在啤酒生产的功能化过程中,知识经验的文本化是最重要的推动力。

第三节   书写文本与啤酒味道感知的功能化

人类起源期啤酒尤其是野生啤酒味道的感知,总是植根于生命的物质过程,即舌

---

① Hornsey I S. A history of beer and brewing[M]. Cambridge: Royal Society of Chemistry, 2003:59.

尖对啤酒味道的即刻性、存在性感知。人的身体(舌尖)感知与感知物是不可分开的整体过程。当原始人类在不同时间、地点用舌尖尝试与野生啤酒接触时,舌尖接受的首先是一个特定的感知符号(如野生啤酒的甜味、酸味、苦味、香味等),这个感知符号是味道和舌尖即刻相互触摸的结果,它们之间的每一次触摸都是面对面的、独一无二的、不可重复、不可言传的整体感知。简言之,这是情景物的符号感知。这种"物我两忘"的物语感知只有即刻性反应没有延时性思考,只有行动没有认识。这就是情景物的即刻性、生存性、异质性和整体性的味道感知活动。当然,随着这些感知过程的反复进行,那些野生啤酒的味道开始离境化,开始被回味、被延时思考,开始被记忆、识别、命名、解释,然后导致了对野生啤酒进行趋利避害的选择和利用。这种对味道的记忆、命名、解释的离境化感知活动,显然是功能物的。我们相信原始初民在首次发现和品尝野生啤酒时,应该属于即刻的、偶然的、不可言传的情景化符号化活动。即使是进入纳吐夫人的啤酒记忆、命名、解释的可言说阶段,起源期啤酒味道的感知方式仍是私语化的:这种命名和言说往往发生于舌尖和味道相互触摸的过程之后的即刻记忆,随着感知过程的结束而结束,不能跨越时空在异时异地传播。也就是说,私语化的味道感知经验更多地依存当下的情景而不能与更大的社会群体共享。所以,纳吐夫人的私语化感知与苏美尔、古埃及古代啤酒的文本化感知相比,前者又是情景物的。

进入农耕种植文明的苏美尔人和古埃及人,是人类文字最早的发明者。实际上,人类最早的成熟文字象形字产生于农业文明和古代国家的出现,如苏美尔的楔形字、古埃及的圣书字、华夏文明的甲骨文都是如此。农业文明的定居性产生了对土地高度依赖的高语境性文化,有利于知识经验和文化传统的积累和传播;国家的建立也需要各种信息在整个国家的更大范围内进行异时异地的传播,这两个条件催促了象形字的诞生。苏美尔的楔形字距今有8000多年的历史,古埃及象形字有6000多年历史,甲骨文也有3000多年历史。古代象形字与图像常常并置使用,共同充当知识、经验的词语化或文本化感知符号载体。

在文字发明之前,人类的感知经验主要依赖口语传播。口语在物性上具有一种不在场性,即它的语音是一种"气态"的符号,稍纵即逝,更具有私语性。要使语言超越时空的局限,就必须借助于"固态"的文字。这样文字竟然成了语言的存在条件。[①]文字具有离境化、非面对面、低语境、词语化的交流特点,有了文字以后,人类的知识经验可以不受即刻性、生存性的制约,而把在场的、异质化物语转化为同质化的词语概念进行语法化处理,以便于异时异地的传播。显然,与口语化感知相比,文字化、词语化感知具有低语境、功能物的特征。

原始啤酒味道的符号感知生产的经验知识是私语化的,那种经验知识的表述,只

限产生于舌尖和味道接触的那一刻。口语只能被动地传达对啤酒味道某种瞬间注意和感受，只能对原始啤酒味道的千变万化做独一无二的直觉判断。私语是人类无意识状态下使用的语言，你使用它时并不主动考虑它的存在，它依附于所指物、情景物。譬如，我们的舌尖体验"酸甜苦辣"时不是词语命名的结果，而是刺激物作用于我们的舌尖，舌尖告诉大脑，然后才脱口说出了"酸甜苦辣"。这些私语化的口语有三个特点：第一，它遵循"先物后名"的顺序，口语是味道刺激后的产物，不先于刺激物而产生；第二这些词语被置于对物的体验时空中，物尽词终；第三，它总是个人性的，不可重复的，此时说"甜"和彼时说"甜"总有特定语境中的味道体验而绝不雷同。

但是，到了掌握文字描述的苏美尔人那里，啤酒味道的书面化、文本化描述已经大量出现。

麦芽期人类对啤酒的味道集体性体味，主要集中于"饥渴、欢愉"这些词语的感知上。公元前3000年左右，苏美尔人将"啤酒"文字书写为"kaš"，即"嘴巴渴望的东西"。我们知道，词语和私语是对立概念。一个民族语言系统中的词语，是集体约定了的、有着共同认知意义或意指对象的语言符号。而私语相反，它是每个使用语言的个体在高语境条件下面对特定的对象所使用的个人性言语，随着语境的改变私语化表达永远是异质的、千差万别、不可重复的。但苏美尔人的词语"kaš"将啤酒的味道与饥渴建立集体约定的关系，表明这种啤酒的味道已经成为离境化的社会共识。而同样是啤酒，当德国人将其刚传入中国时却被当地人集体性地感知为"马尿"。虽然啤酒进入了古埃及人的日常生活，看来他们对啤酒味道的集体感知似乎更严谨一些。

图2-9是乌鲁克第三王朝时期（前2396—前2371）的啤酒罐残片，其中刻有两个带颈部和壶嘴的普通容器，通常是音译DUGa（苏美尔语，"罐、容器"之意）。根据后来的资料以及大量原始楔形文字的记载——使用麦芽谷物生产酒精饮料并盛装于DUG容器中，这个标志代表"啤酒（beer）"，见表2-1和图2-10。

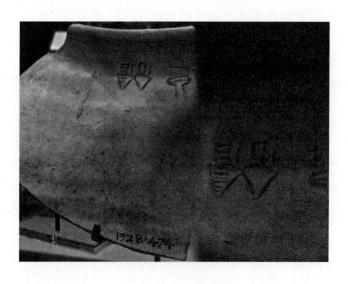

图 2-9　乌鲁克第三王朝时期（前 2396—前 2371）的啤酒罐残片

（其中右侧为放大图。资料来源：楔形文字数字图书馆计划（CDLI P005309），

现存于牛津阿什莫林博物馆，档案号：Ashm 1928-474）

表 2-1　啤酒相关的楔形文字

楔形文字	苏美尔语	汉语［英语］
	kaš	啤酒［beer］
	kaš2（kas）	啤酒［beer］
	kaš sur	发酵［ferment］
	dug	陶罐［pot］； 液体容量单位［a unit of liquid capacity］

资料来源：宾夕法尼亚苏美尔词典（http://psd.museum.upenn.edu/nepsd-frame.html）

前 3200 年　　　　前 2700 年　　　　前 2250 年　　　　前 1750 年　　　　前 1000 年

图 2-10　楔形文字中啤酒的演化 [1]

因此，对啤酒味道显性编码的书写和词语化，就是对味道离境化的集体性评价，这种书面凝固的集体评价反过来影响着啤酒的消费和生产。语言考古发现的大量泥板文书中，考古学家还发现了公元前 3000 年苏美尔人的啤酒赞美诗："在欢愉中啜饮啤酒，我心愉悦，我身舒畅。"[2] 不仅书写的语言将啤酒的味道定格为"欢愉"，图画符号也表达对"欢愉"味道的集体认同。图 2-11 中的苏美尔人饮酒壁画中，描绘了苏美尔人畅饮啤酒的场景。

① ［美］汤姆·斯丹迪奇. 六个瓶子里的历史［M］. 吴平译. 北京：中信出版社，2006：22.

② 周茂辉. 啤酒之河：5000 年啤酒文化历史［M］. 北京：中国轻工业出版社，2007：23.

图 2-11 苏美尔人饮酒图

公元前 3000 年前的另一块泥板文书,记载了世界上最早的饮酒歌:"畅饮啤酒,快乐无愁,舒肝乐心忘尔忧。"这是一块泥板墓碑,可能是为一位酿酒师或啤酒嗜好者而立。显然,以书写的饮酒歌的方式也将"欢乐无忧"看作是啤酒味道的集体性评价。

在苏美尔 - 古巴比伦著名史诗《吉尔伽美什》中有:

他(野人恩奇都)一向喝惯野兽的奶汁,人们却给他摆上酒食。

他直盯盯地瞅着,是那样地惊异。

恩奇都任什么也不懂,

吃,也不会吃,喝的,他也不知,他对这些毫不熟悉。

神妓于是把口开,她对恩奇都说:

"吃吧,你!(这是)人生的常规,喝吧,(这是)此地的风习。"

恩奇都他,饱餐了一席,又将七杯烈酒,连连喝了下去。

他顿时振奋,快活起来,满心的欢喜。[①]

此处的"喝的",赵乐生在《吉尔伽美什:巴比伦史诗与神话》一书中对其的解释为:"sikaru(m),一种酒精饮料。"[②] 实际上更准确地说,这种酒精饮料是指啤酒——在苏美尔,表达啤酒的词语有 sikaru、dida、ebir(表示啤酒杯 / 罐)等。当时,人们将这种饮料认为是上天恩赐给人类以促进幸福的礼物。

由此可见,"饥渴""欢愉"通过文本化书写,成为苏美尔人啤酒共同认可和集体感知的味道。它超越了功能物条件下人们即刻性的、瞬间万变的个体化品味,而成为一种低语境的啤酒味道感知。

啤酒味道感知的功能化主要包括以下几个特征,第一,味道的感知遵循"先名后物"的顺序,人们受书写文本对味道描写的影响,先入为主地形成了关于味道评价的"语言先见",如书写的味道影响了苏美尔人对啤酒真实味道的个体化感知和判断。第二,关于啤酒味道的书写性描述,已经脱离了舌尖对味道即刻体验的时空中,可以在刺

---

① 赵乐生 . 吉尔伽美什:巴比伦史诗与神话 [M]. 南京:译林出版社,1999:16-17.

② De Keersmaecker J. The mystery of lambic beer[J]. Scientific American, 1996, 275(2):74-80.

激物缺席的条件下对味道进行评价、回忆、感知。第三,这种书写后的味道超越了生存性、异质性不可重复的符号感知,而变成共识性、约定性、观念性的类型化味道感知。

小　结

一部啤酒的发展史,就是在情景物和功能物两种文化力量的博弈中不断功能物化的历史。这个功能化进程首先表现为情景物的不断要素化,即作为情景物的野生啤酒整体性紧密依赖它所赖以产生的自然环境,其构成要素尚处于混成不分状态。随着酿造技术的发展,整体情景物的啤酒开始逐步分化出麦芽、啤酒花、酵母和水这些结构要素和功能性单位。本章重点讨论苏美尔人和古埃及人对啤酒功能化——从整体的情景物啤酒中区分出麦芽的利用技术。

现代啤酒的主要构成要素是麦芽、酒花、酵母和水。起源期和麦芽期的啤酒也同时具备这些要素,其中只有酒花在中世纪才开始自觉使用。但麦芽期对水和酵母的使用尚采取一种自然态度,只有谷物和麦芽的利用技术比较成熟,因而成为这个时期的主要特征。主要表现为:啤酒的物质生产活动中谷物的种植技术、储存技术、麦芽处理技术的进步以及记忆、传播啤酒生产的经验知识的词语化手段的进步。相对于起源期,麦芽期的词语化手段对啤酒的物质生产活动支配力更大,因此具有"先名后物"的功能物特点。

麦芽期啤酒功能化的重要表现之一是书写的啤酒配方的出现,所带来了文化与自然环境之间关系的新变化:其一,结构化的啤酒生产被符号化为一个"菜单",这就是巴尔特"技术性涵指"的意思,一切技术行为都受制于这样一个先名后物的"菜单",其二,这个配方被文字物质铭刻后显然具有重复传播的目的;其三,它标志着人类的啤酒生产开始走出高语境的"即刻性"发生野生时代进入离境化、重复性、标准化的人工生产;其四,书写的介入,使麦芽期人类对啤酒的味道具有了集体性体味和认同,如主要集中于"饥渴""欢愉"这些词语的感知上。

第三章

现代啤酒的诞生——啤酒花期

古代啤酒起源于西亚,但其基本形态与今天的啤酒相差较大。当时的人们对基本质料及其变化都不甚了解,甚至因为没有防腐剂的存在从而使得啤酒的保质期很短。通常认为,现代啤酒起源于欧洲,其以啤酒花这一原料在啤酒中的应用为标志。啤酒花的人工产业化种植、培育和技术处理,促进了啤酒生产的规模化、技术化发展;啤酒花产生的独特香气的苦味,使啤酒获得了自己的味道和区别性特征。啤酒花又被称作"啤酒之魂"。

第一节　啤酒是如何传入欧洲的

今天所知的啤酒,即用啤酒花酿造的麦芽饮料,是在欧洲起源的。事实上,酿造啤酒的技术和向啤酒中添加啤酒花的技术都可以说是纯粹的欧洲创新。目前欧洲各个国家的啤酒业态非常多元化,深受人们的喜爱,因此探究一下欧洲啤酒的来源就是必要的也是必需的了。

一种较普遍的看法是,在公元前 1000 年至公元初年左右,古中东、埃及的啤酒经由古罗马帝国战争及贸易往来传入了欧洲。

但另一种看法是欧洲啤酒有自己的传统。考古学家在西班牙的索里亚省东南部,发现了公元前 2400 年前的古代啤酒证据。这一发现将欧洲古代啤酒前移了 1000 多年,号称"欧洲的第一杯啤酒"。西班牙东南部的长老墓穴中出土了当时举行葬礼的壁画,再现了当时为长老举行葬礼的场景。啤酒不仅作为葬礼的饮料,而且,装满啤酒的陶罐和其他陪葬品一起放入墓穴中。这"欧洲第一杯啤酒"的发现,令人们怀疑:是否欧洲有自己独立于中东的啤酒传统?①

加拿大温莎大学的啤酒史研究专家马克斯·尼尔森在专门研究古代欧洲的啤酒

---

① 周茂辉.啤酒之河:5000 年啤酒文化历史 [M].北京:中国轻工业出版社,2007:33-34.

史的书中写道：[①] 虽然目前的证据表明啤酒最早发源于近东地区，但是不同地区的不同民族也可能都独立地发现了野生谷物的发酵，因此并非所有地区的啤酒都是从最早起源的地区向外传播的。在欧洲，制作各种令人陶醉的饮料（包括啤酒）是有着悠久传统的，这种传统或许独立于近东或埃及的任何最早起源而存在并进一步发展，这可能早在公元前 3000 年就已经开始了。研究欧洲的考古证据以及早期的古希腊文学记载，继而得出关于欧洲啤酒历史的结论——欧洲的酿造啤酒（而不是用麦芽制作面包）的技术可能起源于欧洲本地或者至少在欧洲是独立存在的。

最近的考古发现似乎证实了在史前欧洲独立制造啤酒的假设。从公元前 3000 年开始，整个欧洲都发现了成套的黏土器皿，即所谓的巴登和球状双耳瓶，还有绳器皿和钟形烧杯。这是我们发现欧洲存在饮酒传统的第一个证据，而这种传统在整个欧洲都被广泛传播。通常，人们认为这是一种涉及啤酒或蜂蜜酒的世俗饮酒传统，通过对容器上的化学物质、植物和花粉等进行科学分析，人们对此可以有更深入更具体的了解。

从公元前 2000 年初开始，苏格兰的各个地点都发现了大量新石器时代和青铜时代的证据。在苏格兰阿伦岛马克里摩尔石圈遗址的陶器碎片上，人们发现了谷物和蜂蜜以及其他有机物质的痕迹，这可能表明它们被用作盛啤酒的容器。同时，相关的发现也指明了用于发酵的各种原料——在公元前 3000 年前的苏格兰陶器碎片上，发现了谷物、花粉、绣线菊以及天仙子的残留物——这其实指向当时具有潜在危险性的调味药草蜂蜜啤酒。绣线菊是一种芳香的野生多年生植物，具有乳白色花和深绿色叶，常见于欧洲的草地和潮湿地区，用于酿造的原因更多的是利用其防腐效果而不是味道。天仙子则更常用做麻醉剂，剂量过大则可能导致抽搐、精神错乱甚至死亡。在 10 世纪末至 11 世纪初的一篇古英语医学文本中存在以下配方——"睡眠饮料：萝卜、铁杉、茵陈、天仙子，磨碎植物，放在麦芽酒里，静置一夜，把它喝掉"。这一证据虽然较晚，但倾向于表明，适量的天仙子是作为传统医学药物使用而非仅仅致幻效果。

公元前 600 年至公元前 400 年左右，德国霍克多夫地区发现天仙子也被用作啤酒添加剂；在苏格兰和丹麦等地方也发现了利用谷物、蜂蜜和绣线菊等制作的混合饮料。类似的发现存在于丹麦日德兰半岛的青铜时代墓穴中——白桦树皮桶中含有微量的石灰、绣线菊以及白三叶草花粉、小麦籽粒、甜甘蓝、越橘和蔓越莓等成分——这是由蜂蜜、小麦或浆果发酵产生的饮料。这一证据向我们展示了北欧史前早期饮料的复杂程度，因为各种糖源明显都是在这里发酵的。同时，当时的发酵饮料的成分可能并不像我们今天所拥有的葡萄酒（发酵果汁饮料）、蜂蜜酒（发酵蜂蜜饮料）或啤酒（发酵麦芽谷物饮料）那样纯净，甚至可能添加了天仙子等在内的潜在有害成分。

---

① Nelson M. The barbarian's beverage：A history of beer in ancient Europe[M]. London：Routledge, 2005：7-13.

　　同样的，在南欧也发现了与北欧相似的啤酒饮料。克里特岛南部发现了两个可追溯到公元前 2200 年左右早期米诺斯文明用于贮藏啤酒的储藏罐。其中包含一种可能是啤酒的大麦产品。而到了米诺斯中期，证据变得更加明显，因为在克里特岛发现了可追溯到公元前 1700 年的三脚架烹饪锅中含有磷酸和草酸二甲酯，这与啤酒制造过程的产物一致。

　　然而与西亚相邻的东欧却普遍缺少类似的考古证据，这似乎也证实了啤酒并不是从东方传播而来，而是在欧洲当地独立发展的。

　　马克斯·尼尔森研究的考古证据表明了以下三点。

　　其一，欧洲人似乎有一个相当独立的酿造啤酒的传统，可能追溯到公元前 3000 年。最初，谷物显然经常与各种其他产品一起发酵，而后来的谷物（尤其是大麦，也包括小麦、小米和黑麦等）被制成麦芽，并进行啤酒酿造。这种饮料是由欧洲各国人民制造的。

　　其二，希腊人确实知道他们的邻居古埃及的啤酒，进而充当了东方啤酒向欧洲传入的中转站。这似乎暗示了欧洲啤酒发展的两条线索：一是欧洲独立的制造啤酒传统，二是来自中东的啤酒传统。因此，欧洲啤酒的发展很可能是这两种传统的融会。

　　其三，起源期的欧洲啤酒仍属于古代啤酒范畴，重要特征是，古代啤酒没有严格的定义和标准，更像一种混合的酒精饮料。基本的材料主要是谷物（特别是大麦）和各种充当添加剂的植物，不像我们今天可能拥有的葡萄酒、蜂蜜酒或啤酒这样的整洁类别。

　　早期欧洲啤酒无论是独立起源的，还是从西亚传入的，或者是这两种的融合，这个时期的啤酒都比最初的古代啤酒多了一种质料——各种水果、草药、香料。在啤酒中添加植物是为了调味、防腐、接种微生物、提供酵母养分，以及作为药物和精神药物。德国考古植物学家贝勒从历史资料整理出欧洲人酿制啤酒时添加的植物，种类超过 40种，啤酒种类因此十分多元。相较于现代单一化的啤酒，以前各个城镇甚至每位酿制者，酿造的啤酒都是独一无二的。草本植物学家布纳在《神圣兼具疗效的药草啤酒》一书中记录了以多种植物酿制而出的啤酒（也有提供配方），其中除了啤酒花，还包括石南花、艾草、鼠尾草、刺毛莴苣、荨麻、金钱薄荷、黄樟、苦薄荷、接骨木，以及各种常绿植物等。在一些欧洲地区，当地人称啤酒的调味料为 gruts 或者是 gruits。布纳解释，gruits 一般含有"三种温和或稍有麻醉作用的香药草，分别是香杨梅、西洋蓍草以及杜香"外加"能增添独特口感、风味和效果的其他香药草"，包括杜松子、姜、胡荽、茴香、肉豆蔻和肉桂。[①]

---

① ［美］山铎·卡兹 . 发酵圣经（下）：奶、蛋、肉、鱼、饮料 ［M］. 王秉慧译 . 台湾：大家出版社，2014：145.

第二节　啤酒花的应用

古代啤酒是来自于谷物(主要为大麦、小麦)的自然发酵,其形态可能类似稀粥,口感较甜、酒精浓度并不高,同时没有啤酒花等调味品的添加;后期为了获得一定的口感,在欧洲,主要是加入药草、香料等,直到啤酒花被作为调味品加入啤酒后,才成为现代啤酒的基本配料且一直延续至今。

啤酒花,学名为普通葎草或普通忽布(英语:Hops;拉丁语:Humulus lupulus),别名蛇麻花、酵母花,多年生草本蔓性植物,大麻科律草属,可入药。啤酒花是长命的多年生草本,具有粗糙的缠绕茎,呈顺时针方向旋转生长,通常长达 7.6 米。每个生长季节长出新藤,新藤发育成熟后死去。根系扩张范围很大,向下可深入土壤 4.6 米以上。啤酒花在多种气候和土壤条件下栽种以供商用。雌花穗充分成熟后收获,刚采下时含水分很多,需要置于窑中干燥后再用于酿造业。

啤酒花具有的防腐和使液体澄清作用,可以极大地延长啤酒的贮存时间。此外,啤酒花的苦味也平衡了麦芽的甜味。啤酒花还具有药用价值,有镇定、健脾、杀菌等药效。

统一原料并添加啤酒花是古代啤酒和现代啤酒的分水岭。

由于 gruits 香药草啤酒曾经的霸主地位及对 ale 啤酒(不添加啤酒花的啤酒)的坚持,实际上,忽布花啤酒从开始人工种植整整花了 500 多年才普及。这最后的胜利,想必跟啤酒需求大幅上升有关。当时的啤酒已成为国民饮料,新技术让酿酒坊的产量达到新高,这一切,或许只有忽布花能配合完成。[①]

经过了长足的发展,啤酒花成了酿制啤酒的重要的、标准的原料之一,并一直延续至今。随着啤酒花作为酿造成分的普遍接受度越来越高,"ale" 和 "beer" 这两个术语逐渐失去了原有的含义并合并,尽管多年来,"ale" 一词仍然意味着一种未加啤酒花的饮料。

啤酒的味道开始具有自己的区别性特征:愉快的香味和苦味。啤酒中啤酒花的应用,是人们从随机多样的啤酒调味香料中逐渐筛选的结果,这个过程也是啤酒花从情景物的香料物体系中被刻意凸显出来,超越了特定酿造环境的制约。功能化的结果使啤酒花成为啤酒的一个普遍应用的基本要素,进而导致啤酒配方的进一步结构化、离境化、知识化。

一、欧洲中世纪啤酒的发展

现代啤酒发源于欧洲,啤酒花的发现和应用也主要产生于欧洲中世纪。当时的欧洲已经进入农耕社会,谷物等质料丰富,啤酒酿造业发展迅速。加之中世纪后期,由于

---

① [德]法兰兹·莫伊斯朵尔弗,马丁·曹恩科夫.酿·啤酒:从女巫汤到新世界霸主,忽布花与麦芽的故事[M].林琬玉译.台湾:大好书屋－日月文化,2016:106.

黑死病等霍乱疫情大暴发,饮用水遭到严重污染,经过发酵、煮沸等过程酿造的啤酒得到人们的青睐,成为替代饮用水成的主流饮品和生活必需品。

而真正推动啤酒发展的是欧洲的修道院啤酒。

目前发现的遗迹均表明,六世纪时,啤酒在人们的日常生活中可能已经占据了主导地位。欧洲大陆宗教传统似乎都广泛接受啤酒,部分原因要归功于英国和爱尔兰传教士的活动。至少从八世纪晚期的一个古老的爱尔兰忏悔中可以看到,即使是那些发誓不喝啤酒的人,也建议每次复活节和圣诞节都应该喝三口以保持健康。

800 年左右,随着查理曼帝国的扩张,查理曼大帝在欧洲各地修建了许多修道院,其中许多成为酿酒中心。最初,大多数修道院位于南欧,那里的气候允许僧侣们种植葡萄,为自己及客人酿酒。然而,当后来在欧洲北部地区建立修道院时,那里较冷的气候使种植大麦变得比葡萄容易,僧侣们转而酿造啤酒。起初,僧侣们酿造的啤酒被用于自己消费以及供给客人、朝圣者。后来,僧侣们也开始为其他人酿造啤酒,比如贵族,并在所谓的"修道院酒吧"出售他们的啤酒;同时也酿造用于教堂和宴会庆祝的"教堂啤酒",农民可以免费喝啤酒。

查理曼大帝的继任者国王路易统治的时期(814—840)可能是中世纪早期啤酒历史上最重要的时期之一。尽管最迟从 5 世纪开始,修道院就在爱尔兰、英国和法国供应啤酒,但只有在路易国王统治时期,啤酒在修道院中的确切作用才被正式确立,更重要的是,直到那时啤酒花才被首次肯定地用于酿造。当时收集的规则中记录了一个负责啤酒厂的修女的生活材料,可以发现啤酒被视为标准饮料,而葡萄酒将在特殊场合饮用。794 年的会议决定将初建于 673 年的圣加尔修道院(位于今瑞士)按照最新规则进行翻新,这其中就包括三个独立的啤酒厂,分别用于为僧侣、尊客及朝圣者和贫民等生产啤酒。僧侣的啤酒厂有很多建筑,包括谷仓、干燥窑(用于麦芽谷物的干燥和烘烤)、磨坊(流水驱动磨碎谷物等)和面包店。而啤酒厂和面包店位于中心位置,啤酒厂包括带壁炉的房间和过滤啤酒的侧室。其中,啤酒被放置在铜制的桶中,并储存在附近的酒窖中。因此,毫无疑问,啤酒在寺院非常重要,虽然葡萄酒仍然被认为是优质饮品,但是普通僧侣可能更喜欢啤酒。[①]

研究表明僧侣们经常消耗大量啤酒。统计资料甚至提到,在一些国家,每个僧侣每天的啤酒消耗量高达 5 升。其中几个因素起到主要作用:首先,由于中世纪的水经常被污染,啤酒比水更健康;第二,中世纪早期修道院的普通膳食相当节俭,啤酒提供了广受欢迎的营养补充;第三,除了营养原因,啤酒经常被用于修道院的精神和医疗用药;第四,尽管啤酒含有酒精,但它被视为像水一样的液体,因此在禁食期间并未被禁

① Nelson M. The barbarian's beverage: A history of beer in ancient Europe[M]. London: Routledge, 2005:100-104.

止。啤酒是"无处不在的社会润滑剂",这不仅是因为它是中世纪饮食的重要组成部分,还因为在中世纪,"每一个稍微有点'社交'的场合都需要喝一杯"。

啤酒酿造技术到中世纪开始有了较大的进步,这一方面是商品经济开始发展,对啤酒的需求量大增,而更主要的是各修道院酿酒作坊起着重要的推动作用。① 官方承认啤酒是整个欧洲修道院生活中不可或缺的一部分,当然具有深远的影响。僧侣可以自由选择是否生产葡萄酒或啤酒,并且在许多地区可能是两者兼而有之。那些啤酒制造商可能会尝试使用许多不同的成分,直到一些聪明的啤酒制造商,尤其是法国北部,将啤酒花推广为常规啤酒添加剂进行啤酒生产。②

二、身体技术通过情景物工作,概念技术通过功能物工作

综上所述,啤酒的商品化发展,推动了修道院啤酒生产规模逐步扩大,啤酒消费几乎进入了西欧、北欧最普通的农家。就内部原因而言,推动这一转变的主要是啤酒酿造技术的进步:中世纪欧洲啤酒经历了由技能性的家庭酿酒到技术性的修道院作坊酿酒的转变。我们可以借鉴列维-斯特劳斯在《野性的思维》中提出的"修鞋匠"和"工程师"这一对概念,来分析所谓技能和技术的二元区别:"工程师靠概念工作,而'修补匠'靠记号工作"。③ 他所说的概念,相当于皮尔斯符号学中的"象征"或索绪尔的"符号",典型的概念符号是语言中的词语。"靠概念工作"实际上就是"靠词语工作"。他说的记号,即皮尔斯所谓的索引符号,譬如烟是火的索引记号,伞是防潮的索引记号。因此,物语,或者任何携带文化意义的实物如代表种植文明的啤酒、谷物、家禽等,都可以看作是索引记号。"靠记号工作"也即"靠物语工作"。所以,在本文中,我们把列维·斯特劳斯的"概念"和"记号"这一对术语转化为"词语"和"物语"。

列维-斯特劳斯进一步分析了"概念"(词语)和"记号"(物语)的区别:"概念的目的是要使与现实的关系清澈透明,而记号却容许甚至要求把某些人类中介体结合到现实中去。"④ 他所谓的结合到现实的人类中介体,就是物语,他还借用皮尔斯的话说:"记号向人云谓",⑤ 也即:物向人说话。

鉴于修补匠属于身体技能性操作,工程师则是概念技术性操作,我们分别称为身体性技术和概念性技术。我们可以套用列维-斯特劳斯的话说:身体性技术活动靠情景物工作,概念性技术活动靠功能物工作。

① 颜坤琰,刘景文.世界啤酒大典[M].重庆:重庆出版社,2001:164.
② Nelson M. The barbarian's beverage:A history of beer in ancient Europe[M]. London: Routledge, 2005:105.
③ [法]列维·斯特劳斯.野性的思维[M].李幼蒸译.北京:商务印书馆,1997:26.
④ [法]列维·斯特劳斯.野性的思维[M].李幼蒸译.北京:商务印书馆,1997:26.
⑤ [法]列维·斯特劳斯.野性的思维[M].李幼蒸译.北京:商务印书馆,1997:26.

　　为什么说概念性技术活动靠功能物工作？按我们的理解，列维-斯特劳斯的意思是，概念或词语的目的是在词语与现实、名与物区分的清晰关系中，"先名后物"地处理二者之间的关系。比如，工程师或科学家在"接受一项既定任务时……必须先着手把由理论的和实践的知识及技术手段所构成的一套先前确定的组合加以编目，这些知识和技术手段也就限制了可能的解决方式。"① 这套所谓的"编目"或词语（名）显然是一个由书写的词语和图表构成的知识性文本，如配方、工程图纸、说明书、操作指南……这是技术性手段的符号化本质：词向物说话。工程师不是直接面对物的在场，而是把物变成知识对象、变成概念性词语和图表，通过词语向物发令，按照一定标准进行规范化的操作。当啤酒的酿造由身体性经验转向按照词语性配方生产时，这代表着由身体性技术转向概念性技术，由情景物转向功能物，由先物后名转向先名后物。

　　为什么说身体性技术活动靠情景物工作？

　　孟华② 以《物尽其用》一书纪实人物赵湘源的例子，说明了情景物的以下两个特征。

　　其一，它"不是一个物品的物质形态或视觉呈现，而是对'所牵涉问题或事件具有决定性意义的事实'"，即物的出场实证或决定着它背后的某个事实，实物成为这个事实的物证符号。以赵湘源收藏的肥皂为例，这个"肥皂"隐含的有关世事变迁的文化叙事：生活贫困（为节省而将肥皂晒干）→物资匮乏（购物证）→对匮乏的忧虑（存留肥皂）→忧虑解除（肥皂用不上了）→成为记忆物（舍不得扔）。这些人类学意义的事件不是由任意约定的词语符号表述的，而是凝固在"肥皂"这个"物证性"载体上，肥皂与叙事脚本之间有着证据性的原初自然关联，肥皂为叙事的真实性提供物质性担保。③

　　可见赵湘源在使用和处理肥皂这个实物时，就是在"使用情景物工作"。

　　其二，情景物背后的人类学意义是伴随人们对物的使用而产生，它隐藏于实物形态背后，以致人们在实践中难以将物与实证的事实相区分。赵湘源在使用肥皂时并不能自觉意识到肥皂对某种人类生活（如经济匮乏）的表征功能，那种文化意义无意识地潜存于肥皂的使用和存放中。所以，赵湘源"使用情景物工作"时并不自觉地认为在操弄符号，而仅仅是像工匠那样，对身边的上手之物按照在场性的生活逻辑安排物的秩序，这意味着生活逻辑和编码发生的隐性和私语性。

　　在修补匠或家酿啤酒人那里，他面对的不是一套抽象的、离境化的词语符号，而是一系列的身边上手之物。如啤酒酿造使用的谷物、就地取材的各种香料、因人而异的

① ［法］列维·斯特劳斯.野性的思维［M］.李幼蒸译.北京：商务印书馆，1997:26.
② 孟华.在对"物"不断地符号反观中重建其物证性——试论《物尽其用》中的人类学写作［J］.百色学院学报，2015（2）:87-97.
③ 孟华.在对"物"不断地符号反观中重建其物证性——试论《物尽其用》中的人类学写作［J］.百色学院学报，2015（2）:87-97.

生产工具以及长期习得的个性化生产技能……这些要素在人类学看来它们都是情景物,它们携带了某种人类学意义,比如啤酒香料是野生采集还是人工种植,这两种工作方式体现了人与自然的功能化和情景化的文化意义差异。但是,物的使用者并不自觉地意识它们的物语性和文化意义,工作者仅仅按照物的实用功能来安排它们:谷物用于满足饥渴、香料用于调节口味、杯子用于盛装啤酒……这种对物语的安排即"使用情景物工作",它的工作过程是人与物之间即刻性的在场性关联,人们并不概念性地把握在场物,而是根据在场物向人呈现它们自身的实用功能、根据人自己的经验和习惯和实际的生活场景来安排物的秩序,因此这是一个身体性技术过程。而概念性技术则是基于离境化的词语秩序优先的原则。身体性技术工作在对物的操弄过程中,这些物成为列维·斯特劳斯所谓的"人类中介体",即它们包含了一些人类学事件,所以列维·斯特劳斯说"科学家借助结构创造事件(改变世界),修补匠则借助事件创造结构。"① 这里的"结构"即符号分类的世界,即"名":一个是先名后物的科学家工作,一个是先物后名的修补匠的工作。

三、功能化:啤酒花和啤酒是如何结合的

(1)从野生到种植。因此可见,啤酒花早期并不是啤酒的主要辛香料。关于这种植物的历史,一种说法是,啤酒花原产于我国的新疆和秦岭地区,中文名蛇麻花,属藤蔓攀爬植物,因植株尖部弯曲向上翘首,形似蛇头,故叫蛇麻花,是一味开胃健脾的中草药。后来有传教士带回欧洲种植成功。啤酒花从中国移植到欧洲,本身就是一个功能物事件:基于世界主义的宗教文化传播,啤酒花从原产地的高语境生态环境中被抽离出来,作为一个新的文化元素植入到欧洲人的生态环境中而面临一个新的本土化过程;另一方面,欧洲本土化的物体系由于酒花的加入而被融入一个更为广阔的、世界性的物体系中。自源和借源,本土化和离土化,或者说情景物和功能物,是文化进步的两种基本力量。不同物种之间的移植就是这两种文化力量相互作用的体现。

然而,更多的文献材料表明另一种不同的观点:欧洲有着自己的啤酒花历史渊源。从语源分析的角度看,啤酒花的原义,跟啤酒扯不上关系,只有汉语圈将"蛇麻花"称作"啤酒花"。啤酒花的英文名为"hops",其中"hop"的词意也有"跳"的意思;啤酒花的拉丁语 *Humulus lupulus* 一词中的"humulus"在古罗马中是"hymele"——意为"跳动",而"lupulus"是狼(wolf)的意思,古罗马将啤酒花形象地比喻为"狼斑疮"(lupus),说明在当时这种植物相对而言是不受欢迎的。但由于其生长特别旺盛,在德国曾有广泛的野生分布,野生状态下枝蔓也可达到 10 余米之高,因此人们采集进行食用,就像曾经葡萄藤的嫩芽也被吃过一样。所以,也有一些研究学者认为最早使用酿造中的啤酒花可能归功于斯堪的纳维亚半岛。Neve(1991)也从忽布 hop 的斯拉夫语"hmelj"

---

① [法]列维·斯特劳斯.野性的思维[M].李幼蒸译.北京:商务印书馆,1997:29.

中推断出其具有芬兰语的起源。芬兰的民族史诗《卡勒瓦拉》(*Kalevala*)中有一首啤酒诗歌(the Beer Lay)就描述了 2000—3000 多年前啤酒花的生长及作为酿酒的原料："The origin of beer is barley, of the superior drink the hop plant……The hop, was stuck in the ground when little……it went up into a little tree, climbed to the crown." Darling（1961）也认为高加索部落将啤酒赋予宗教意义并用啤酒花酿制它们。[①]

　　啤酒很"老"，而啤酒中的啤酒花，则"新"多了。啤酒花一直没有出现在书面上，直到老普林尼首次发表于 77—79 年的《自然史》中提及啤酒花是一种自然生长的植物，但是并没有论及啤酒，也就是说当时的啤酒花与啤酒还没有关系。直到 736 年才提到人类种植啤酒花（而不仅仅是在野外生长），酿酒中啤酒花的第一次记录历史直到 822 年才出现——实际上啤酒花最早被用于酿造的证据是在德国威尔河的 Picardy Corvey 修道院发布的一系列法规中找到的。法规规定了磨坊主在修道院庄园内的一系列职责，主要包括——播种，制作麦芽，收集木柴和啤酒花，同时也规定：如果这些收集的原材料不能满足酿酒的需求，那他需要采取措施从其他地方获得。这应该是第一次将啤酒花与酿造啤酒联系起来。需要特别注意的是，此时收集的啤酒花主要还是来自野外。[②]

　　还有文献提及，从 860 年左右开始，就提到了德国 Freisingen 修道院的啤酒花园，种植于其中的啤酒花的目的可能是为了酿造啤酒。优质的啤酒花啤酒主要在修道院内酿造。12 世纪，希尔德加德修道院院长记载了啤酒花加入啤酒后最主要的效果是防腐，她积极评价称"苦味能防止添加了啤酒花的饮料变质，因此它们能持续更长时间"。自 14 世纪起，添加啤酒花的啤酒逐渐盛行于德国南部一带，因为在那里啤酒花是随处可见的植物。

　　啤酒花的种植是一个功能物事件。早期酒花的偶然使用主要来自对野生啤酒花的采集，野生酒花是生产者生存环境的一部分，这种就近取材的野生采集只适合于家庭酿造或小规模手工作坊。啤酒花的种植与人类早期对谷物的驯化具有相同的符号化意义：都是将植物从自然发生的物体系中抽离出来，纳入人为安排和技术控制的功能性物体系之中。这种抽离化的过程也就是词替代物或支配物的离境化过程，在这个过程中，词语系统的支配起决定作用，由词语系统参与构成了一个知识体系，在这种知识体系的支配下使酒花由一个情景物变成了功能物。而啤酒花的种植和在啤酒中的应用，这种技术是由一些修道院社区全心全意地采用的。或者说，修道院是推动和促进啤酒花技术化、功能化的主要力量。

　　（2）从 ale 到 beer。英语 ale 和 beer 在今天都指啤酒，但在 15 世纪和 16 世纪的英格兰，

①　Hornsey I S. A history of beer and brewing[M]. Cambridge: Royal Society of Chemistry, 2003: 304.

②　Hornsey I S. A history of beer and brewing[M]. Cambridge: Royal Society of Chemistry, 2003: 305.

"ale"被定义为经常用水果调味的麦芽谷物饮料,而"beer"是可以使用其他成分(包括啤酒花)的谷类啤酒。ale 和 beer 的区分和并行使用,充当了古代啤酒向现代啤酒过渡的符号。实际上,即使进入现代啤酒时期后,不使用酒花的啤酒仍然有自己的市场。也就是说,现代啤酒也存在着不加酒花的 ale 和加酒花的 beer 的竞争。这种由 ale 到 beer 的历时转化和 ale 与 beer 之间的共时并存,实际上代表了两种文化力量的转换。

作为一对符号关系项,ale 代表着古代啤酒,并显然表征着一种古代的人类文化模式,古代啤酒的生产指向一个人与他的生存环境(自然、文化、习俗)紧密依存的情景物文化。诸如:啤酒的调味植物来源呈现因地制宜的多样化,并非定位于单一的酒花;非标准化的手工技能性操作因人而异;味道和品质随材料和手工情景的不同而具有不可确定性、不可控制性、不可言说性;受制于材料的本土性采集和手艺的技能性操作而生产规模非常有限。所以,相对而言 ale 是一个情景物文化符号,古代啤酒只有随着语境而变的千副面孔,而缺少自己稳定的区别性特征。

而加啤酒花的 beer 则代表着功能物的现代啤酒:其一,随着啤酒花被主流社会逐渐确定为啤酒辛香料的首选,啤酒的味道和品质开始趋于稳定并获得自己相对稳定的区别性特征;其二,啤酒花的广泛应用促使其从野生采集转向大规模种植,代表着情景物的采集文化向功能物的技术性、规模性的种植文化转变;其三,啤酒花味道的提炼需要更为复杂的知识和工艺技术,这促使啤酒酿造由简单的"隐性私语化"身体性技术转向"显性词语化"的概念性技术。

那么,啤酒是如何从不含酒花的 ale 转向含酒花的 beer 的?

在古代欧洲酿酒多半是家庭中的手工劳作。那时,日耳曼人把酿酒看成是妇女们干的一项家务活儿,小锅小灶,产量也极有限,那是自给自足的早期小农经济的缩影。酿酒也是爱尔兰妇女在家里的主要工作之一,在北欧酿造啤酒的女性就是传说中的"女武神"。

显然,家庭酿酒更多的属于个体的、高语境的手艺活,即列维-斯特劳斯所谓的靠物语工作的手艺活。身体性技术工作具有即刻性、受制于环境物质条件和个体经验差异等制约的特点,因此手艺酿造具有不可预测、不可重复、不可操控性。要么在酿制过程中啤酒就被酿成了"啤酒醋",或者酿好后不久就变酸了。Hornsey 提道:"当时的人们坐在火堆周围,轮流拿起火炉上的含有渣子的啤酒。过了一会儿,这些渣滓变得很厚,以至于必须用水稀释。"(注:当然,热量会导致酵母自溶,并且这也是现代自溶酵母食品的原始版本之一。)同时他还引用一位 13 岁的观察者所言:"我看到人们喝的啤酒很酸,有些人宁愿喝水。"[①] 这都制约了啤酒的大规模酿造以及长距离的运输和贸易。

但是由于酿造技术及卫生条件所限,人们开始探索在啤酒中添加防腐的原材料,

---

① Hornsey I S. A history of beer and brewing[M]. Cambridge: Royal Society of Chemistry, 2003: 290.

同时也用来作为调味品。其实，在最早的啤酒配方里，啤酒花只是众多辛香料中的其中之一。在多种辛香料中提炼、筛选出啤酒花，需要有规模化的种植能力和丰富的生物、医学知识，个体性的家庭酿酒难以具备这样的条件，因此，修道院成为啤酒酿造概念性技术改进、酒花种植和应用技术的主要推动者。

814—840 年可能是中世纪早期啤酒史上最重要的时期之一，在这个时期内，啤酒在修道院中的确切作用才正式确立，更重要的是只有那时啤酒花才首先肯定用于酿造。

而在啤酒花成为酿酒标准质料之前，gruit 药草啤酒一直是主流。尽管药草啤酒含有杀菌成分且汁液浓厚，但保存期限还是无法太长，至 14 世纪时更加明显，终于不敌忽布花啤酒而败下阵来。忽布花啤酒的成本低廉许多，且与药草啤酒所需成分最大的不同是，忽布花到处都可种植。此外，忽布花啤酒容易保存，生产过程较能标准化，酒精浓度也比较高。

随着啤酒花的使用和大面积种植，政府开始监督与课税，在一连串的相关法规出现之后，直到 1516 年，巴伐利亚整合推出《啤酒纯度法》，明定啤酒花为啤酒酿酒唯一合法的辛香料，确定了在巴伐利亚等局部地区的酒花在啤酒酿制中的关键作用。

随后，马丁·路德主要领导的宗教改革不仅改变了欧洲人生活、战斗、崇拜、工作和创造艺术的方式，也改变了它的饮食方式。他和他的追随者在啤酒中推销啤酒花，将其作为对天主教会的反叛行为——天主教会推崇药草啤酒。这场发生于 16—17 世纪的基督教教派分裂及改革运动，也是新教形成的开端，打破了 gruit 药草啤酒的垄断地位，解除了天主教会对啤酒生产的束缚，给杂草——啤酒花——加入啤酒的酿制过程带来了巨大的推动力。啤酒花是免税的这一事实只是吸引力的一部分。啤酒花具有吸引新运动的其他主要品质——它们具有优异的防腐性能。虽然草药和香料都具有防腐特性，但啤酒花使啤酒更耐存储，使啤酒迅速成为国际贸易中的关键一环，因为其象征着不断发展的商业阶层，与新教所推崇的职业道德和资本主义密切相关。

至此，《啤酒纯度法》的出台及新教运动共同推动了啤酒花成为啤酒酿制中的主流甚至是唯一香料调味品。

另外，科学技术的进步也是由 ale 到 beer 转换的必要条件。一切科学技术的进步可能都是一个词语化事件，是一个先名后物的功能物事件。

首先，人们在生活经验中得出的酒花可以防腐的感知得到科学的论证和理论上的阐述。科学知识是一个词语性事件，它先名后物：先给实践者一个科学的理念，以指导它的具体物质活动实践。1150 年，希尔德加德·冯·宾根在 *Physica Sacra*——历史上第一次记录啤酒花作为防腐剂的著作中说道："啤酒花植物对人体益处不大，因为他们是人感到心灵抑郁，阻碍身体正常生长；但是它的苦味却使得啤酒远离腐败，使之得以更长期地保存。"^① 可见,酒花早期更主要是作为防腐剂而不是香料被使用。

　　其次,概念性技术的进步也是啤酒逐渐功能化的推动力。比如,啤酒花是一种雌雄异株的植物,只有未授粉的雌株毬果才符合酿造需求。因此,啤酒花与一般可以从野外采集的香料不同,更需要有计划地集中种植,而且花田不能混有雄株。从就地分散的采集到计划性成规模的种植显然是一个逐渐离境化的技术事件。再比如,啤酒花的树脂成分包括 α 酸与 β 酸,前者为啤酒的正常苦味来源。然而,α 酸树脂必须经过熬煮,异化为水溶性物质,才能被萃取出来。在正常状况下,啤酒的苦味皆来自 α 酸,因为 β 酸树脂无法透过熬煮异化为水溶性,所以啤酒的苦味通常与 β 酸没有直接关联。但是,当啤酒花氧化之后,β 酸变为水溶性,经带来不正常的老化风味与苦味。如果要充分利用啤酒花的苦味物质,通常会尽早投入煮沸,以便充分萃取。此外,啤酒花树脂属于低表面张力物质,能够抑制啤酒泡沫层中的气泡彼此结合,有助于泡沫层的稳定与持久。^② 这显然需要更复杂的工艺,单纯的身体性技能操作,是很难萃取 α 酸和 β 酸的,况且高温熬煮原理更依赖于复杂的科学知识和工艺技术。这也说明为什么古代啤酒很难把酒花作为主料的原因。

　　也因当时的人们普遍具有这样的经验主义 ——"啤酒花等于防腐剂",啤酒花一旦开始被应用到发酵食物 —— 啤酒,就与啤酒一直并肩而行,其价值被最大化了。含有的各类酮类物质及挥发性油脂赋予啤酒特殊的苦味和独特的风味,同时具有一定的防腐性能。这也是啤酒花用于啤酒酿造的最重要目的,其防腐特性可以避免啤酒在酿造过程中变成"大麦醋"。自从啤酒花被广泛用于啤酒酿造以来,其他的用途(药用、食用)等逐渐被淡化,而主要被用于啤酒行业,因此在国内,人们更喜欢把"蛇麻草"(或"蛇麻花")称为"啤酒花"。

　　由此可见,酒花与啤酒结合、由 ale 转向 beer 的过程,是人类文化由情景物、身体性技术的小农经济向功能物、概念性技术的规模化商品生产转变的结果。Ale 和 beer 这两个符号,实际上代表了人类文化发展的两种决定性力量:情景物的本土化力量和功能物的离土化、普遍化力量。古代社会向现代社会的演变,是由这两种力量的博弈推动的。实际上,直到后现代的今天,啤酒的发展仍然没有消灭 ale 代表的情景物文化,甚至有复归的趋势。这就说明,情景物和功能物两种文化力量的互动转换关系,是人类文化进步最核心的问题。符号人类学研究的课题是,是什么原因决定了这种转换的?本文对啤酒由 ale 转向 beer 的过程的符号化分析,就是试图为这种转换提供一个人类学的案例。

---

① DeLyser D Y, Kasper W J. Hopped beer: the case for cultivation[J]. Economic Botany, 1994, 48(2): 166-170.

② 王鹏. 世界啤酒品饮大全 [M]. 辽宁:辽宁科学技术出版社, 2017:49.

第三节 由体味到风味：啤酒花发现了啤酒的味道

从感知角度分析，麦芽期或古代啤酒的味道是体味性的。"体味"是舌尖和味道当下接触而即刻产生的味道，味道随着体味的过程而获得，随着过程的结束而消失。或者说，体味总是舌尖连带着它的刺激物一起产生。体味的情景物符号性在于品尝性。品尝过程产生于刺激物和舌尖之间的当下交流：一方面食品将自己的味道刺激着舌尖，使之产生某种感官反应；另一方面舌尖提炼出、体味出某种味道，这个过程需要调集人的主观情感、审美等心理特征，体验到某种愉快的、苦涩的、甜美的、厌恶的……婴儿可以有 10000 多种体味，成人降至 9000 多种。所以，体味性味道是在舌尖和物质的互动中发生的，它体现于一个情景物过程中：体味意味着人与自然物的一种即刻性关联，一种由特定生活情景产生的不可言传的、个性化生命体验。

为什么古代啤酒是体味性的？这来自我们在前文所述的啤酒生产方式的情景物性：古代啤酒是以大麦为主的多种材料因地制宜的随机应用。与现代啤酒清晰而稳定地区分为麦芽、啤酒花、水、酵母四要素相比，古代啤酒的构成成分是应当地物产和本土社会的特定条件而做出的灵活安排，它更注重对人的生存环境的模仿，古代啤酒的配方深深植根于本土化、个性化、多样化的生命活动，而呈现出无限多样的样态，而不是被一套离境化的、标准化的知识概念和技术系统所制约，所规整。因此，啤酒生产的即刻性的多样化生命活动与味道感知的体味都属于高语境的情景物活动。

古代啤酒的味道显然是一个情景物，它的味道具有不确定性，随着语境（特定的物质条件和生命活动的即刻结合）的迁移而变化多端。

啤酒花独特的香气、风味与苦味，一方面改造了人们对古代多样性甜味啤酒的感知习惯，另一方面赋予啤酒的味道一种相对统一、稳定的区别性特征。古代啤酒的重要特征是，没有严格的定义和标准，更像一种混合的酒精饮料。一是外部难以与其他类果酒截然区分，二是其内部构成成分的随机组合，基本的材料主要是谷物（特别是大麦）和各种随机充当添加剂的植物。因此，古代啤酒味道的识别性不高，不像"我们今天可能拥有的葡萄酒（发酵果汁饮料）、蜂蜜酒（发酵蜂蜜饮料）或啤酒（发酵麦芽谷物饮料）这样的整洁类别"。

现代啤酒颜色透亮，同时加入啤酒花等调味品使得啤酒具有较丰富的苦味及香味口感，其特征与稀粥状、微甜的古代啤酒形成鲜明对比。

啤酒花的使用最大的改变是使啤酒的味道从一个情景物变成一个功能物。

所谓的情景物，指啤酒的味道更多地依赖于它所产生的本土性、场所性的客观环境，啤酒随生产场所变化而变化，进而具有味道、品质言说不确定性、私语性和酒类识别的模糊性。其情景物的最大特征表现于古代啤酒的"体味"性：舌尖与味道直接接触而产生的即刻性、不可重复的味道。

　　啤酒花则使啤酒味道的感知由"体味"转向"风味"。"风味"一词汉语中多指地方性特色,在本文中指某类饮料的特色,如白酒的辣、红酒的酸、果酒的甜、啤酒的苦。这里的"酸甜苦辣"被纳入一个概念性分类体系,每一酒类的风味来自它在整个酒类系统中的分配关系:啤酒的苦味在它与果酒的甜味、红酒的酸味、白酒的辣味的区别中获得了自己的风味。也就是说,啤酒的味道不仅依赖于它所产生的语境和场所,同时依赖于它所从属的概念分类系统。这个分类系统是人类科学知识进步的结果。系统中的每个要素都是功能物,功能物符号指的是,符号的意义更多的来自观念性物体系。"风味"就是一个观念物符号,它的意义不以生产语境所决定而取决于它在整个酒类风味系统中的区别性特征:在区别于甜、辣、酸中获得了"苦"的味道功能。所以,"风味"是一种观念化、词语化的味道,人们已经对啤酒的苦味有了社会约定的认知和认同,"风味"使啤酒私人化体味的味道进入社会领域:词语的味道总是凝结了集体性的味道偏好。味道由私人领域的"体味"进入社会领域的"风味",涉及了物语(情景物)和词语(功能物)这一对概念的区分。情景物是在场的、实示的,如古代啤酒的"体味"事先不能言说,只有在品尝过程中显示和表述它自身。而现代啤酒的"风味"却是词语化、离境化的,它可以作为一个观念物、一个由负载"苦味"的词语先入为主地介入味道的感知和生产。"风味"作为观念物,它在体味一种味道的同时又能用词语描述和思考出这种味道,能在这种味道缺席的条件下对它进行范畴化,归类于一个观念性分类体系,并受这个体系的制约——这是一种先名后物的关系方式。

　　对于啤酒花导致啤酒味道发生的功能性、词语性变化,本文概括为对外的区别性和对内的统一性。外部的区别性使啤酒告别了古代啤酒身份不明的"混合类酒精"含混和私语化状态,自觉地与其他酒类区别开来;内部的统一性指酒花的独特的苦味成为当今各种浅色啤酒风味架构的重要元素。若是啤酒花没有成为当今啤酒酿造的主要香辛料,或许啤酒的风味会往其他方向发展,但正是靠了酒花,才塑造了现代啤酒独特的风味。

　　所以,从舌尖亲自品尝获得的"体味",到观念性把握的"风味",啤酒的味道经历了由情景物向功能物、由身体性技术到概念性技术的转变。这个转变,就是由于"啤酒花"的加入,啤酒的味道开始自觉,开始变得"像啤酒"。从古代啤酒味道的只可体味不可言说,到现代啤酒味道获得自己可言说的风味特征,正是啤酒花使啤酒获得、发现了自己的"味道"。这正是现代啤酒的特征。

　　当然,酒花虽然统一了啤酒的味道,这是就它与其他酒类风味的区别而言的。酒花本身的个性差异,也让不同的啤酒独具个性。啤酒花含有多种精油成分,包括烯类、醇类化学物质。各种品系的啤酒花,芬芳物质比例不一。个性独具的香气,不仅是啤酒花品种的重要标志,更是不同啤酒类型的个性印记。[①] 这些个性印记是啤酒花的物性原因主导的结果,它成为啤酒个性化的物质条件,这又是啤酒味道中的情景物元素。所以,啤酒是一个高语境和低语境、情景物和功能物的综合体,我们只能在相对关系、相对位置和具体语境中,确定它们的性质。

小　结

啤酒的啤酒花期大致指欧洲 5—15 世纪,在酿造啤酒过程中对酒花的使用。酒花期的到来奠定了古代啤酒(起源期和麦芽期)和现代啤酒(酒花期至今)的分野。

古代啤酒起源于西亚,但其基本形态与今天的啤酒相差较大。当时的人们对基本质料及其变化都不甚了解,啤酒要素的构成处于整体混沌不清的格局。啤酒的增味手段就地取材,因地制宜地使用诸如生姜、香樟、薰衣草之类的植物香料调味,再加上没有防腐剂的存在从而使得啤酒的保质期很短,啤酒的品质、口味极不稳定。中世纪酒花的普遍使用统一了啤酒的味道,酒花产生的独特香气的苦味,使啤酒获得了自己的味道和区别性特征。同时,啤酒花的产业化种植、培育和技术处理,促进了啤酒生产的规模化、技术化发展。

早期酒花的偶然使用主要来自对野生啤酒花的采集,野生酒花是生产者生存环境的一部分,这种就近取材的野生采集只适合于家庭酿造或小规模手工作坊。啤酒花的种植与人类早期对谷物的驯化具有相同的符号化意义:啤酒花种植是一个功能物事件。都是将植物从自然发生的物体系中抽离出来,纳入人为安排和技术控制的功能性物体系之中。而啤酒花的种植和在啤酒中的应用,这种技术是由一些修道院社区全心全意地采用的。或者说,修道院是推动和促进啤酒花技术化、功能化的主要力量。在多种辛香料中提炼、筛选出啤酒花,需要有规模化的种植能力和丰富的生物、医学知识,个体性的家庭酿酒难以具备这样的条件,因此,修道院成为啤酒酿造概念性技术改进、酒花种植和应用技术的主要推动者,成为啤酒生产词语化、功能化的策源地。如果说家庭酿酒是根据"情景物"工作,那么修道院啤酒则是根据"词语"或功能物工作。随着啤酒花的使用和大面积种植,政府开始监督与课税,在一连串的相关法规出现之后,直到 1516 年,巴伐利亚整合推出《啤酒纯酿法》,明定啤酒花为啤酒酿酒唯一合法的辛香料,确定了在巴伐利亚等局部地区的酒花在啤酒酿制中的关键作用。进而通过立法使功能化的酒花生产获得了词语化的最高形态,反过来规范、促进了啤酒的生产。

---

① 王鹏.世界啤酒品饮大全 [M].辽宁:辽宁科学技术出版社,2017:49.

第四章

啤酒的工业化——酵母期

在现代啤酒的原型模式中,麦芽、啤酒花、酵母和水四大要素是构成啤酒的物质基础。当然,"啤酒"范畴中的非典型成员,并不固守着四要素的框框。我们从啤酒发展史的角度观察,人类最早发现的是麦芽,其次是啤酒花,再次是酵母,而对水的自觉意识最晚。因为取之不竭的水之于啤酒就像空气之于人一样,只有用水危机的时候才发现它的重要性。本章重点讨论原型性啤酒中的第三个要素:酵母作为一种物语,在啤酒的生命史当中的符号化方式。

酵母菌在几千年前就已进入人类的生活领域。原始社会,人类已经接触到了发酵食品,如自然发酵的原始啤酒、原始面包等就是例证。但是,人们情景化感知的东西并不等于能功能化认知之物。当时的人类并不清楚这香醇可口的液体原是酵母菌所为,更无法目睹它的芳容。1516 年,巴代利亚大公威廉四世颁布了著名的《啤酒纯度法》,规定从今以后只能用麦芽、酒花及水来酿制啤酒。后来人们发现酵母是啤酒酿造过程中的关键物质,于是便正式将酵母作为啤酒酿造必需原料,而载入了《啤酒纯度法》之中。至此,酵母从后台走向前台,从情景物走向功能物,成为啤酒构成成分的核心成员之一。

一部啤酒酵母的发展史,也是在情景物和功能物二元互动中,不断由情景物主导转向由功能物主导的历史。

第一节 酵母从不可言说到私语性话题

作为情景物的酵母,既栖身于自然的物体系中,又隐匿于人类古代啤酒的酿造活动中,人们使用它却又无法在语言上谈论它,无法在观念上认识它,无法把它从自然物体系以及啤酒酿造过程中自觉地分离出来,而成为独立的一个结构功能单位,成为一个可以被知识词语言说的结构功能单位。酵母的这种只可意会不可言传的情景物性质,即霍尔所谓的"隐性编码"的性质,是啤酒起源期和麦芽早期的基本情况。

啤酒作为一种谷物发酵食品,是在微生物(细菌、酵母或丝状真菌)的参与下进行的一系列化学反应,最终使得谷物中含有的糖类转化为酒精等物质。但是古代的人们限于科学知识等的局限,是无法了解这其中的奥妙的。苏美尔人、古埃及人酿造啤酒都是自然发酵的,即无意识地让空气中的酵母菌来完成发酵过程。当时的人们还不可能知道酵母菌的存在,更谈不上有意识地利用酵母菌了,我们的祖先亦是如此。殷商时期的人们就利用酵母酿米酒,而到了汉朝开始利用酵母制作馒头和饼。人的知识系统是由物的自然法则所支配的,人的酿造行为更多依赖于自然的法则,而不是人们主动的知识系统支配下的有意图的操作行为——发酵。

追溯到公元前 1800 年的石碑上刻有苏美尔人撰写的对啤酒女神的赞歌——《宁卡西赞歌》,其中有最古老的啤酒配方:首先将面团与各种香料、水果混合烘烤制成面包,碾碎后与水混合浸泡,放入露天的开口陶罐(发酵桶)中,等待“神灵般”的野生酵母将其发酵,从而酿成古代啤酒,最后过滤收集就可以饮用。

中世纪的欧洲,人们对啤酒酿造的失败仍旧迷惑不解,甚至迷信地认为是女巫在其中作祟,从而怪罪于酿酒女而将其烧死。中世纪时,一个常见的做法是在麦汁煮沸后,让空气中的酵母自然地接触热麦汁从而完成发酵。这也是酿制葡萄酒、苹果酒和蜂蜜酒普遍采用的发酵方式。空气中含有各式各样的微生物,由于酿酒商无法筛选其中的优质或劣质的发酵酵母,同时也缺乏良好的卫生条件,只能是同时让酵母菌与各种微生物全部参与发酵过程。这种方法虽然有效,但是也很随意,许多不同的微生物和真菌都在争夺营养(糖),同时也增加了其他细菌感染并破坏发酵的风险,常常会使得啤酒酿成醋。一些酿酒商似乎已经意识到这种情况是由于各种杂菌引起的,但是仍旧束手无策,只能等待神迹的发生。虽然在今天看起来只是平常不过的微生物感染,但在当时的条件下却显得是如此神秘莫测。

可见,古代啤酒中的酵母隐藏于人的酿造活动与大自然的互动过程中。它没有从自然物体系和人的行为链中独立出来而成为一个范畴或词语主导的功能单位并被自觉加工。因此,这种被人不自觉利用的天然酵母具有情景物的即刻性体验、结果不可预测、不可把控的情景物特点,即只可意会不可言说的经验性直觉认知的特点。

中世纪后期,欧洲的酿酒师们创造了花环收集器收集酵母——用麦秆或无花果枝条编制成花环,将花环投入发酵旺盛的酒液中,然后挑起来挂在清洁的地方晾干。下次发酵,只需将花环投入麦汁中,就完成了酵母接种过程。[①]

这个作为“酵母收集器”的花环,成为酵母功能化、离境化的一个早期见证。人们开始认识到酵母的存在,开始用粗糙的技术手段——用花环把酵母从对大自然的依赖中分离出来,成为一个可以重复使用的功能物:借助花环让发酵旺盛的人工酒液充

---

① 周茂辉.啤酒之河:5000 年啤酒文化历史 [M].北京:中国轻工业出版社,2007:61.

当下次发酵的酵母。利用花环表面看这是一种技术手段,实际上它是人类对酵母这个物语元素的一个认知成果,这些分离手段,实际上是建立在酵母这个要素从整个自然体系里边范畴化、词语化、离境化,抽离出来的过程基础上的产物。当然,这个功能化还不是科学分析的产物。但可以肯定的是,人们认识到了酵母的独立存在并能够命名它、谈论它、重复它。符号学认为,一切事物的独立存在都是语言参与命名和谈论的结果,任何不能成为词语或话题的事物或事件,对人类而言等于不存在。由于早期啤酒的发酵过程是一个无意识的、不可言说的自然事件,所以,人们认识不到酵母的存在。1551 年慕尼黑市议会的一项法令中酵母才首次在官方的资料中被提及——“大麦、水、优质啤酒花、酵母,如果进行恰当地压磨并加以冷却,也能酿制出一种底层发酵的啤酒。”[①] 但是当时的人们仍旧没能从科学意义上理解它。直到 19 世纪 60 年代,法国科学家路易·巴斯德重复了卡涅尔发现酵母菌的实验,发现了微生物在发酵食品中的重要作用,才真正从生物学上解释了酵母的科学原理。随后,酵母也因此被纳入了修改的《啤酒纯度法》中,成为与水、啤酒花、大麦芽并列的四大质料之一。

　　并非所有的物语都是情景物。相对而言,在卫生间的便盆是一个情景物,便盆属于卫生间物体系的一个有机部分;但艺术家杜尚把便盆移入艺术馆并命名为“泉”,它便成了一个功能物。它从原先的物体系中抽离出来,被人为地安排在一个艺术场景中并赋予“泉”的名称。“酵母收集器”的花环,将酵母从它存在的自然物体系中剥离出来收集在花环中,成为啤酒构成原料的一个基本要素,成为酿造行为链条的一个独立环节,可以被称谓、被观察、被话题化了的物语。任何情景物,只有当它被话题化、词语化,才真正从对高语境的依赖中独立出来变成一个先名后物的功能物。

　　所以物语的功能化与它自身的话题化、词语化、显性编码密切相关。任一事物或事件,只有成为人们讨论的话题或被显性编码,它才会从高语境的自然物体系中凸显出来,向人们呈现它自身。但是,话题一般意义上相当于索绪尔的“言语”,即在一定语境中说的话,带有私语的特点。譬如收集酵母的花环,可能只在特定的酿酒人或私人空间中谈论和传播,它并不像《啤酒纯度法》那样把酵母被纳入一个公共领域——社会共识的词语状态。但是,酵母的功能化历史进程首先来自它不断地被话题化。

第二节　从私语性话题到公共性词语

　　14 世纪中叶就有食谱书提到将酵母添加到啤酒中,当时已经有 1300 家酿酒商将最后一次酿造完成后的啤酒顶部泡沫,添加到下一批的啤酒发酵中。我们根据这些资料可以推测到以下两点:其一,啤酒中添加酵母已经进入书写的食谱,意味着酵母的发

① Dornbusch H D. Bavarian Helles: History, Brewing Techniques, Recipes[M]. Boulder: Brewers Publications, 2000: 30.

现及其应用已经走出私人空间或私语化表达而进入公共领域和词语化表达。书写的信息尤其是出版物,总是向公众开放的。其二,所谓 1300 家酿酒商主动使用酵母发酵,也说明酵母应用的普遍性,它已经作为一个被高度词语化、标准化、配方化了的功能物脱离自然情景而进入人为技术操控的物体系了。

到了 16 世纪,酵母技术更加成熟和普遍了。啤酒制造商通常将酵母混合物进行初步分离与控制培养,然后将其加入麦芽汁中。1519 年和 1550 年哈林区的法规已经确认到:一旦麦芽汁进入发酵槽,酿酒商就会添加酵母。但是如何储存酵母仍旧是一个问题,因为培养物有被杂菌感染的风险;同时,酵母的生长对温度比较敏感,温度一旦过高则会杀死酵母菌株,所以夏天就是酿酒最困难的时期。法规中也提到了几种解决方法,其中一种就是将啤酒桶中的发酵酵母残渣与面粉混合烘干制成面包,在发酵时将面包磨碎后重新加入水,促使酵母继续生长。将这种面包与从发酵桶中取出的泡沫混合一起,就可以继续用在下一次发酵了。但是由于当时的卫生条件所限,发酵桶的清理总是无法达到完全干净,总会有残存的酵母在其中,也就无法做到使用纯净的酵母菌株,直到 19 世纪的酵母提纯方法诞生之后才完全实现。在不断的发酵过程中,酿酒师们似乎也掌握了一定的提纯诀窍,进而对酵母进行选择性的挑选与扩大培养,也初步实现了一定的产品质量控制。从发酵桶顶部溢出的酵母泡沫对发酵和烘焙都很有价值。16 世纪时,英格兰的诺里奇酿酒厂将酵母捐赠给慈善机构。在后来的几个世纪里,酿酒商不太愿意白白放弃那这种有价值的商品,将其视为商业机密并不对外公开。

酵母发展史上最重要的词语化事件之一,是啤酒使用酵母的条文化、法规化。标志着现代啤酒四要素:麦芽、啤酒花、酵母、水这个原型模式的正式确立。以词为标志,啤酒进入标准化、功能化、规模化、工业化生产的时代。在文艺复兴时期,啤酒酿造几乎在每个城镇和村庄都得到蓬勃发展,并生产了许多不同种类的啤酒。虽然啤酒行业繁荣,但由于酿酒商的技术水平不均衡,所生产的啤酒质量受到影响,产品好坏混杂。从一份 1290 年的官方文件中可以看出,当时的市政当局强调必须使用大麦来酿造啤酒,其他的材料,包括燕麦、小麦和黑麦不得使用。然而,一些不道德的酿酒商甚至用动物内脏作为酿造原料。而这些劣质酿造原料所酿制的啤酒对人有害,导致了疾病的发生,甚至有致死的情况发生。这种鱼目混珠的局面,从符号学角度分析就是啤酒生产的私语化,没有形成共同的词语化标准。

至此,酵母在啤酒中的应用由不可言说、到私语(话题)言说再到公共性的词语言说,一步步走向功能化。再进一步发展,就是下文将讨论的酵母的科学技术话语的表达。科学技术话语重事物的内因和本质特征分析,公共性词语的命名着眼的往往是对象的外部经验特征,这甚至可从"酵母"一词的语义分析中看出端倪:英文的 yeast(以及荷兰文的 gist)是从希腊文 zestos 演变而来,意指"滚烫"。发酵作用当然是令人沸腾又难以抗拒的。有趣的是,英文 fermentation(发酵)这个字来自拉丁文的 fervere,也是"沸腾"之意。虽然技术上而言,酵母并不会煮沸液体,但加热和发酵的确都会使液体发泡,因此也就不难理解两种发泡现象承自共同字根。法文的酵母 levure 是从拉丁文 levere 演变而来,意思是升起;而德文的酵母 hefe 则是从动词 heben 而来,为提升之意。发泡、升起和提升,都是根据我们肉眼能见的或经验的酵母活动而命名的公共性词语。

第三节　从公共性词语到技术话语

在公共性词语阶段,人们将酵母从自然物体的高语境中剥离出来,使之成为一个在公共领域谈论、命名、自觉使用的对象,使之纳入一个可人为安排和操控的功能性物体系中。但是,人们只是知其然而不知其所以然,只是意识到啤酒沉淀物和啤酒发酵有某种相互关系,而真正揭示出啤酒发酵的原因,还要靠技术话语或曰概念性技术。

公共性词语仅仅是将带有酵母的啤酒作为一个整体性的经验对象来命名和谈论,技术话语则通过概念性技术手段将酵母与啤酒分离开,并对酵母内部的生物构成进一步分析。因此,相对而言,整体性经验对象是情景物,技术话语分析对象则是功能物。也就是说,技术话语使酵母进一步功能化了。技术话语是知其然又知其所以然的关于啤酒酵母的知识和认识工具(如实验室、显微镜)等。

首位将酵母从啤酒中分离出来的功臣是荷兰人列文•虎克。他在 1680 年制作了显微镜,首次发现了啤酒中存在着的微小物体——酵母,并且意识到它在某种程度上可能参与了发酵过程。酵母是单细胞真菌,必须透过显微镜才见得到,在人类发明显微镜之前,这种单细胞真菌既无法观察也无法被命名,它隐藏于含有酵母的啤酒液体或面包中。所以,显微镜作为一种科学认识工具,使酵母菌从高语境的啤酒混合体即情景物中分离出来,成为一个相互区别的功能单位之一。在酵母菌被分离出来之前,酵母只是作为一个情景物,隐藏在啤酒的液体及面团中,人们只是通过它们进行发酵时所产生的气泡及膨胀现象等外观特征,来经验性地把握酵母的存在。

可惜,列文•虎克利用显微镜发现了酵母菌,但他并没有意识到这其实是一种活的生物体。直到 200 年后,发酵原理才被逐渐认知。1837 年,德国科学家卡涅尔用显微镜发现了长芽的酵母菌,于是认定这些小精灵是活的生物体。他的研究证明:没有活生生的酵母菌,即使有蛇麻草和麦芽汁也不可能酿造出啤酒来。卡涅尔由此得出结论:一定是酵母菌的生命把麦芽汁变为酒精。[1] 然而这一发现在当时并没有得到重视,科学真理再次与人们擦肩而过。

技术话语,是在对某个客观对象经验观察的基础上,通过一定的概念性、范畴化、词语化技术手段将它从自然物体系中分离出来进行人为分析、标准化处理的过程。例

---

① 周茂辉.啤酒之河:5000 年啤酒文化历史 [M].北京:中国轻工业出版社,2007:62.

如,在啤酒酿造过程中,将酵母从它所连带的整体环境(野生酵母存在于大自然物体系中,人工酵母存在于面包和啤酒酒液中)一步步分析出来,这个过程也就是从情景物到功能物逐步转变的过程。功能物本质上是一种"先名后物"的物语:它不是自然物解构的结果而是人类概念性、技术性符号分析的产物,一个主要被词语建构的人工物。这个被从自然物体系中分离出来的词语化的功能物再不隶属于它所存在的情景物所依存的那个自然生产场景和物体系,而受制于人类的技术概念体系可以被自由地加工、组合、复制。

第四节 从技术话语到科学话语

亚里士多德曾经把科学分成以下三大类。

第一类是经验,是根据事件、经历总结而来的知识,是人们通过实践得来的,但只是认知的初步阶段。

第二类是技术(或技艺),是对某个客观对象、某个经验的升华。人们通过概括总结和归纳前期的经验形成一般化的理论,进而又进一步指导经验。

第三类是科学,是自我存在的知识。科学知识是一种内在性科学,即它不针对具体的经验对象,而是一种自我推演、自我演绎的科学,它纯粹是在词语概念基础上进行演绎、论证、证明的。

相对而言,经验知识表现在事件的符号化过程上就是公共性词语言说,它针对某个经验对象物的外部感知形态进行言说;技术知识就是概念性技术的应用,它针对经验对象的内部结构和原理进行概念分析和言说;科学话语悬置了具体的经验对象,对概念性技术本身进行元语言分析,主要是在纯粹知识概念基础上进行逻辑推演、进行自我言说。

所以,倘若以经验与知识话语之间的距离感作为衡量情景物和功能物的标准,或者把物语定义为造成人的意识、概念与生存环境、经验对象之间距离感大小的符号化情景,我们会发现,以经验知识为基础的公共性词语是情景物的;相对而言技术话语是功能物的,因为它使用了离境化的抽象知识概念和技术手段(如显微镜),但是技术话语仍然没有摆脱经验对象,它指涉一个以实用为目的的经验对象;而科学话语完全摆脱了对经验对象或自然环境的依赖,成为一个比技术话语更为功能化的纯粹词语世界。[①]

在酿酒师发现酵母在酿造过程中的重要性之前,他们不得不依靠当地的野生酵母进行发酵。当然目前仍有一些啤酒是依靠野生酵母发酵完成的,比如比利时的兰比克啤酒。虽然在一些地区经过人们的努力,自然的野生菌发酵也获得了成功,但由于缺乏良好的卫生条件或劣质酵母而变质的啤酒并不少见,"运气不佳"的酿酒商不得不希望

---

① 吴国盛.中国人对科学的误读 [J].基础教育论坛,2015(1):53-56.

这种状况能变得更好。随着酿造成为一项更具规模与工业化的产业,啤酒发酵过程中变质也就成了一个更大的问题,科学史上一些最著名的科学家帮助解决了这个问题。

到了 19 世纪中期,越来越多的学者认为酵母是一种活的有机体。直到 1857 年,法国科学家路易·巴斯德的生物学研究工作才开始让人们了解发酵过程——没有活酵母的存在与繁殖,发酵就不会发生。他于 1857 年发表了他关于酵母发酵论的初步研究结果——关于乳酸发酵的记录,并向法国的酿酒师们传授了酵母发酵的相关知识。到 19 世纪 70 年代,经过"酵母发酵论"与"化学反应论"的大辩论,事情终于变得更加清晰了,大多数权威人士接受了"无生命亦无发酵"的宗旨,"酵母发酵理论"成为发酵史上的里程碑。伴随着酵母等微生物的研究,人们也开始意识到啤酒变质变酸的原因是空气和啤酒中的有害细菌将酒精转化为酸。通过一系列的测试,巴斯德首先发明了"巴氏消毒法",能够保证杀菌的同时还能保持啤酒的口味不变,从而得到了广泛使用,后来也扩展到了牛奶的杀菌消毒中。巴斯德创立的"酵母发酵理论",标志着酵母的符号化进程进入到科学话语时代。

发酵酵母是第一种被辨识、独立出来并予以命名的微生物。最有名也受到最多研究的酿酒酵母。巴斯德的酵母发酵理论真正彻底实现了酵母从情景物到功能的转变。他使酵母从高语境的自然物体系中分离出来,纳入由科学词语支配的生物科学话语体系中,从而使人们可以在观念形态和封闭的实验室内把握和处理酵母,将它自由地运用、移植到一切其他物体系中,进行重新组合,产生新的人工物体系。这就是情景物的功能化,就是自然的科学化、词语化和显性编码化。酵母的科学话语为酿酒工业做出了巨大的贡献,奠定了酿酒工业的理论基础。酵母从根本上挽救了啤酒、葡萄酒等为代表的酿造业,并推动了这一行业的迅速发展。也因为深具经济价值,成为受到广泛研究的微生物。

虽然发酵理论已经确立,但是酵母是一个大的种群,真正对啤酒发酵起作用的只是其中的少数几种,而对啤酒发酵有害的酵母及杂菌很多。如何获得纯净的啤酒酵母,杀灭有害的"野生酵母",减少杂菌污染带来的损失,当时还是一个大难题,这个难题直到 19 世纪末才最后解决。由此可见,19 世纪末对酵母群的进一步分析,使得酵母进一步功能化了。科学话语的每一次进步都是科学对象进一步功能化的结果,都使它之前的功能物变成一个情景物。这就说明,物语具有总是在情景物和功能物之间进行徘徊、转化、超越的中性性质。

第五节　情景物的"艾尔"和功能物的"拉格"

一、拉格的产生

根据酿造啤酒酵母菌的发酵类型,可以将其分为:艾尔酵母与拉格酵母(窖藏酵母）。

在艾尔酵母发酵过程中，酵母吸附于二氧化碳表面而上升至表层，故又称顶层发酵酵母。目前通过艾尔酵母发酵的常见啤酒有艾尔啤酒、世涛（也常被译为司陶特）、麦啤等。

与艾尔酵母顶层发酵不同的是利用拉格酵母（窖藏酵母）进行的底层发酵。底层发酵往往采用的发酵温度比较低，发酵时间也相对比较长；而且酵母菌到发酵末期会下沉到酒桶底部，使得啤酒酒色变得透明。巴斯德酵母是一种常用的典型拉格酵母（窖藏酵母），以纪念路易·巴斯德而于 1870 年命名。

中世纪时期，啤酒发酵均是采用"上层发酵法"生产，麦汁制备以后，冷却至常温，倒进橡木桶中直接发酵。虽然 19 世纪末期之前的很长时间里，人们对于酵母的分类还是不甚明了，但已经开始有了不同酵母用于酿制不同啤酒的经验了。1603 年，经酿酒商同意，科隆镇议会宣布禁止使用底层发酵酵母。很明显，到那时酿酒商不仅可以区分这两者，并且还可以选择哪一种用于啤酒发酵。在农村地区，两种类型的酵母似乎都是已知的，并且两者都用于烘焙和酿造。[1] 早在 1775 年，巴伐利亚的酿酒师已经把上面发酵酵母和下面发酵酵母区分开来。当时不知道是酵母的原因，把这种发酵剂统统叫"啤酒原料"。[2]

在汉森成功提取分离出"下层发酵酵母"之前，啤酒的生产大部分都是采用上层发酵的手段进行常温（15℃～25℃）酿制——即生产艾尔型啤酒（ale），主要是由于当时无法满足下层发酵所需的低温条件，因此在炎热的夏季，仅有德国北部、捷克波西米亚地区等温度较低的局部地区才能酿制拉格啤酒。受其生产周期的局限性，在冷冻机发明之前，拉格啤酒并未得到大量的推广。而现在，无论产量还是销量上来说，这种淡啤酒都已经成为占据主导地位的啤酒风格／类型。

拉格"lager"来自德语单词"lagern"，意为贮藏"store"，意思是拉格啤酒发酵的时间通常比艾尔长，因此拉格啤酒也被称为贮藏啤酒。这个术语来源于这样一个事实，在欧洲经典的手工版本中，它需要发酵和贮藏几周甚至几个月来充分发展它的香气和风味（工业酿酒厂在过去几十年中已经开发了各种技术来缩短酿造时间，但是本文讨论其历史演变，这些非常新的技术将不被考虑在内）。相比之下，大多数麦芽酒（ale）能够在几天内达到最终发酵速度。这种不同行为的主要原因是发酵和贮藏发生的温度。贮藏啤酒酵母，即底部发酵酵母，最适宜的温度是在大约 8℃的温度以下；而麦芽啤酒酵母，即顶部发酵酵母，通常需要 15℃或更高的温度，此温度适宜于大部分微生物生长，因而艾尔型啤酒的化学反应速度较快，但是代谢副产物也较多。

---

① Unger R W. Beer in the Middle Ages and the Renaissance[M].Philadelphia: University of Pennsylvania Press, 2004:153.

② 周茂辉.啤酒之河:5000 年啤酒文化历史 [M].北京:中国轻工业出版社,2007:65.

贮藏啤酒是在巴伐利亚起源的。在贮藏啤酒的早期，一些酿酒商会把他们的啤酒带到巴伐利亚阿尔卑斯山的冰冻洞穴，里面装满了来自湖泊和山脉的冰，然后将啤酒留置度夏。这种长时间的酿造意味着啤酒中的酵母和其他重质物质沉淀下来，得到了一种味道干净、颜色浅的啤酒品类，而且还含有高浓度的二氧化碳。当时的巴伐利亚贮藏啤酒比今天大多数人认识的淡贮藏啤酒暗得多，部分原因是该地区的重水引起的。然而，这些被称为敦克尔的深棕色贮藏啤酒至今仍在巴伐利亚生产。

在19世纪早期，巴伐利亚啤酒厂开始试验新的酿造技术，包括使用底部发酵酵母将啤酒长时间储存在冷啤酒窖中。初次发酵后，啤酒将在低温下进行第二次"贮藏"，然后储存在冷藏啤酒窖中。它们可以保存几周或几个月，在此期间，饮料会变得醇厚和清澈。由于后发酵速度较慢，比起快速的顶层发酵而言，其质量更优，麦芽及啤酒花的风味保持更好。

以"拉格酵母"为核心的低温发酵技术具有重要意义，酵母在发酵后沉淀在底部，利于规模化的大罐发酵，为啤酒的工业化奠定了基础。

拉格啤酒相对艾尔啤酒对酿造业来说是相对新鲜的事物，19世纪之前的啤酒基本都是艾尔啤酒。虽然拉格啤酒出现于15—16世纪的巴伐利亚啤酒厂，但是受限于酵母提纯及酿造技术，因而并没有大范围流行。随着酵母提纯法及人工制冷技术的发明，皮尔森啤酒、拉格啤酒逐渐脱离本土性，传播到欧洲其他地方乃至风靡全世界，征服了酿造界。为什么拉格啤酒后于艾尔啤酒而产生？因为拉格啤酒奠基于一个更高的知识型，它具有一个艾尔时代所不具备的科学发展的结果，它是在冷冻技术、低温贮藏等一系列的知识范畴和技术发明的成熟的基础上而产生的发酵方式，而这些知识和技术是一个离境化的，越来越脱离自然的情景物体系，越来越依存人为的知识和技术体系，以便于进行离境化的大规模生产。目前，基本上所有被认为是"国家品牌"的啤酒——喜力啤酒（荷兰）、青岛啤酒（中国）、札幌啤酒（日本）、百威啤酒（美国）等——其中大部分都是拉格型。

人们通常把上发酵酿造的啤酒叫作艾尔啤酒，下发酵酿造的啤酒叫作拉格啤酒。

二、艾尔啤酒和拉格啤酒的区别性特征

早期的啤酒一般都是上发酵的艾尔啤酒。在酒花期，与beer构成一对高、低语境的对比项。进入酵母期随着人们发现了上、下发酵两种方式以后，艾尔又和拉格构成对比项。

在口味方面，拉格比艾尔的口味更清淡、酒精度更低，价格也相对较低，适合在社交场合大量饮用——因此也被称为"社交啤酒"，其比艾尔更为普遍，流行性更强。艾尔的浓厚、小众化与拉格的清淡、大众化，在啤酒味道感知上形成情景物和功能物语境的对立：艾尔的味道更依赖特定的人群和场所，拉格则超越本土和场所的语境限制而普遍流行。

在技术化方面,由于艾尔发酵的速度较快、热量堆积,导致啤酒的质量及安全很难保证;而拉格的发酵温度较低、速度较慢,因此拉格的发酵可以更大规模进行。拉格的规模化生产依赖于工业技术的进步。所以,从技术形态上看小规模的艾尔更接近"技能"的范畴,是情景物的;大规模的拉格更接近"概念性技术"范畴,是功能物的。

三、啤酒分类

目前啤酒界对啤酒风格的分类主要是按照啤酒酵母的类型,主要分为艾尔、拉格和野菌(或自然发酵型)三大类型,如表4-1所示。

在美国和其他大部分地区的酿酒师通常将通过上发酵型酵母发酵的啤酒统称为艾尔,而通过下发酵型酵母发酵的啤酒统称为拉格。按照发酵方式,除了上发酵型和下发酵型,还有一个被大家认可的发酵方式——野菌,即使用野生的酵母或者细菌等进行发酵。实际上,野菌发酵与自然发酵的区别主要在于,前者的菌种往往需要通过人工接种进行发酵,而后者的菌种则是直接取自大自然(譬如比利时兰比克啤酒的菌种来自当地空气里),并不需人工接种。

与美国等大多数地区酿酒师不同的是,德国和其他传统的酿酒师通常按照上发酵和下发酵两个类别来对啤酒进行分类。因此,在德国,艾尔被习惯当作一种特定的英式啤酒,而拉格被当作一种储藏式啤酒。所以德国人认为采用上发酵方式酿制的科隆啤酒从口味上更像拉格啤酒而非艾尔啤酒。

与美国和德国又不同的是,英国的某些历史阶段上,艾尔、波特和世涛是不同的啤酒类型;在另一些特定的历史背景下,艾尔和 beer 是不同的啤酒类型:啤酒花是酿制啤酒的必需品(或者是使用了比艾尔更多的啤酒花),而艾尔啤可以不添加啤酒花。这些不同地区啤酒类型的分类及背景可以帮助读者理解和了解古老的啤酒配方和历史文化,但对于描述当前啤酒风格并没有实质性的作用。

表4-1　发酵类型及啤酒类型

发酵类型	含义	主要啤酒类型
上发酵	使用艾尔酵母发酵	艾尔型啤酒(Ale): 淡色艾尔啤酒(Pale Ale) 小麦啤酒(Wheat Beer) 波特啤酒(Porter) 世涛啤酒(Stout) 大麦酒(Barley Wine)
下发酵	使用拉格酵母发酵	拉格型啤酒(Lager): 拉格啤酒(Lager) 皮尔森啤酒(Pilsner) 勃克啤酒(Bock)
野菌发酵 (也称自然发酵)	利用细菌发酵,或使用非酿酒酵母	兰比克啤酒(Lambic)

小 结

作为物语的啤酒,其中的情景物和功能物二元要素是相对的、中性的、重叠的、可相互转化的。例如,酒花期相对于麦芽期,前者是功能物主导,但相对于后来的酵母期,酒花期又成为情景物主导,酵母期则进一步功能化了。1551 年便正式将酵母作为啤酒酿造必需的四种原料之一,载入了《啤酒纯度法》之中。至此,酵母从后台走向前台,从情景物的结构迷雾中走向构成要素进一步清晰的功能物,成为啤酒构成成分的核心成员之一。

酵母的功能化主要表现为对酵母生产经验的记忆、传播从隐性编码即私语化表达逐步走向显性编码即话题化、词语化的过程。

早期酵母的利用技术如收集酵母的花环,可能只在特定的酿酒人或私人空间中谈论和传播。14 世纪,啤酒中添加酵母已经进入书写的食谱,意味着酵母的发现及其应用已经走出私人空间或私语化表达而成为一个公共话题。书写的信息尤其是出版物,总是向公众开放的。而到了《啤酒纯度法》则把酵母纳入一个更为普遍的公共领域——社会共识的词语状态。

酵母功能化的进一步发展则是技术话语的产生。公共性词语仅仅是将带有酵母的啤酒作为一个整体性的经验对象来命名和谈论,技术话语则通过概念性技术手段将酵母与啤酒分离开,并对酵母内部的生物构成进一步分析。因此,相对而言,整体性经验对象是情景物,技术话语分析对象则是功能物。也就是说,技术话语使酵母进一步功能化了。技术话语是知其然又知其所以然的关于啤酒酵母的知识和认识工具(如实验室、显微镜)等。

酵母的再进一步功能化,则是从技术话语走向科学话语:巴斯德的酵母发酵理论真正彻底实现了酵母从情景物到功能物的转变。他使酵母从高语境的自然物体系中分离出来,纳入由科学词语支配的生物科学话语体系中,从而使人们可以在观念形态和封闭的实验室内把握和处理酵母,将它自由地运用、移植到一切其他物体系中,进行重新组合,产生新的人工物体系。这就是情景物的功能化,就是自然的科学化、词语化和显性编码化。酵母的科学话语为酿酒工业做出了巨大的贡献,奠定了酿酒工业的理论基础。酵母从根本上挽救了啤酒、葡萄酒等为代表的酿造业,并推动了这一行业的迅速发展。也因为深具经济价值,成为受到广泛研究的微生物。

随着酵母的功能化进程,根据发酵技术的不同,啤酒史上产生了艾尔和拉格啤酒的基本分类。

第五章

大工业生产——啤酒的淡水期

现代啤酒最重要的代表是拉格系列的啤酒。目前全世界 90％ 左右出产的啤酒属于拉格，在中国拉格型啤酒更是近乎垄断。拉格啤酒代表了大工业规模化生产的历史趋势，因此，局限于本土水源地的供水已不能满足大工业生产的需求，于是采用技术处理的工业加工水，从而在任何地方都能酿制统一口味的啤酒，成为 19 世纪晚期以来啤酒发展的总趋势。加工水的普遍使用是这一时期的重要特征，所以我们称为淡水期。

在淡水期以前，酿酒使用的主要是自然水。从自然水到加工水，这也表现为啤酒的四要素之一"水"的功能化进程。功能化可以表述为"水"由一个情景物（自然水）在变成观念物（可以对水的构成成分进行分析、分解、重新组合）后，可以自由地进行技术处理，以满足大工业生产的需要。所以，加工水也成为大工业生产的物语符号。从自然水到加工水体现了一个先物后名的情景物转化为先名后物的功能物的过程。

除了生产方式中水的功能化以外，在感知方式上，淡水期啤酒的味道也呈现出风味化的趋势：啤酒的味道不再依靠舌尖与刺激物即刻性关联产生的体味或瞬间记忆，而转变为一个由公共词语、科技话语负载的观念物，进而使啤酒的味道从对刺激物的当下关联的高语境中脱离出来，从属于一个概念性的词语和术语的分类体系。这种词语和术语分类体系，使得啤酒味道全面风味化，可以自由组合、调配，以满足大规模工业化生产时代的需要和消费者对味道选择的需要。

第一节　啤酒的拉格化与大工业生产

1880 年，丹麦科学家汉森对酵母进行了分离提纯：将酵母分为用于啤酒正常发酵的"良性酵母"和破坏发酵（产生异味及杂质）的"恶性酵母"，并进一步提纯出良性酵母进行培养，同时杀死有害酵母，保证了啤酒发酵过程的正常进行。在酵母种群中区分出良性酵母和恶性酵母，是酵母研究的进一步功能化。对任一整体性事物的进一步科学和技术分析，都是事物的功能化、结构化的体现：事物再不是一个混沌的整体，而是由更小的结构单位构成的系统。当然,这些功能单位的析出,靠的是科学知识手段,科学知识手段又是由各种符号为载体的。所以,即使在科学技术中,人们研究的对象不再是自然本身,而是人对自然的探索。这时,人面对的仅仅是一些观念物,即人自己关于对象的词语化知识。任何事物的一个功能化过程,都是从整体性自然物中抽离出功能单位的低语境化过程,而这个过程都是以人的观念性词语活动为前提的,也就是说,拉格体系是建立在科学知识成熟的基础上,而科学知识成熟本身就是一个最高程度上的词语化事件。

啤酒的品质、口感和外观是由酵母菌株和发酵方法来决定的。在啤酒的发酵机理确立之前,酿制过程时而成功时而失败,酿酒师们对发酵过程总是感到十分费解。所以,发酵过程更依赖高语境的经验性知识和人们临场性的身体技能性操控,高语境的身体技术行为使啤酒发酵捉摸不定,经常有失败的危险。因此,对酵母和发酵原理进一步借助于科学词语化手段分析和分类,是啤酒功能化、技术化进步的前提。拉格工业化物质生产的过程本质上是一个受词语化手段操控的过程,使拉格的功能性达到了更高的水平。在啤酒酵母得到提纯并加以培养之前,酿酒师通常是将前一次发酵的泡沫、残渣等啤酒原料当作发酵剂进行下一次的发酵。19世纪80年代,汉森将酵母菌株分离成顶层、底层发酵酵母,并将分离出的单一菌株进行了扩大培养,酵母转变为酵母菌株,把整体性自然单位变为分析性功能单位。这些技术活动是建立在生物学的酵母理论的成熟基础上的。表面看是技术活动,实际上背后是科学词语事件。

随着一系列技术革命的到来,制冷等技术手段已经不再是局限因素后,人们对酵母等微生物的培养、分离、杀菌都有了深入的研究,啤酒酿造业就得到了很大的提升,拉格啤酒进入飞速发展期。由于其酵母发酵是在酒液的下层,随着发酵过程,酵母及杂质会沉淀到底部,为下一步的过滤澄清提供了良好基础,更加适合大批量发酵,啤酒的规模化工业生产成为可能,这种工艺因此逐渐风行全世界。在工业技术手段内部,也存在着经验性的情景物和词语化的功能物二元要素,一个技术不断发展的过程也就是不断从情景物到功能物的转化过程。比如上百吨的发酵罐可以用来进行拉格啤酒的酿制,而艾尔型啤酒酿制时温度高且发酵速度快导致热量累积,很难达到大批量酿制。因此,拉格通过使用规模化的生产线从而使得酿造啤酒的生产成本大幅降低而最终利润最大化,这种工业化酿造啤酒的方式也流行到全世界,从而使得啤酒行业顺利进入机械化、现代化时代。

第二节　淡水期啤酒的水

啤酒的酿造也跟其他酒类一样,需仰仗优质的水源。由于水是啤酒的主要成分,所以啤酒的品质很大程度上要取决于水的质量,所以啤酒的酿造用水更不可等闲视之。酿酒师称啤酒酿制用水为"酿造水",并誉之为"啤酒的血液",根据酒精度的不同,水占啤酒总量的比例可高达95%,极大影响着啤酒的口味与酿造过程。

一、自然水与风土性

酿造水根据它与自然环境的依赖程度(情景物和功能物的关系方式),可分为自然水和加工水。

自然水即从水源地取来直接使用或稍加技术处理后使用的水。自然水相对而言是个情景物,因为它总是和特定的场所,特定的土壤,特定的物质条件紧密相连,而不取决于人类的干预。

苏美尔人和古埃及人利用水量丰沛的底格里斯河、幼发拉底河和尼罗河水作为啤酒酿造的源泉。这当然是自然水。欧洲中世纪的修道院、家庭作坊、庄园酿酒厂商多依河而建,采用河水、井水、泉水等自然水来酿造啤酒。

自然水是一个情景物符号,酒水的味道高度仰仗自然品质而非人工雕琢。现代大多数家庭和手工酿造者也使用未经处理的自然水来酿造各种类型的啤酒。由于当地水的质量和成分千差万别,所以自然水的高语境性使酿造的啤酒都独特地突出了这些土著风格的味道。所以自然主义啤酒文化认为,最好的啤酒是最适合当地供水的啤酒。由于不同水源的自然水所含的矿物质也不尽相同,酿酒师根据当地的水源特点,酿造出了具有本地特定风味的啤酒。捷克皮尔森啤酒使用当地的软泉水,比利时的桐树啤酒使用富含碳酸钙的自家井水,英式淡色艾尔便用英国小镇波顿的硬水。中国有很多啤酒厂也临泉傍水,青岛啤酒厂早期便是以崂山泉水为水源的自然水,只是到后期自然水无法满足规模化大生产才逐渐使用加工水。所以自然水酿造啤酒的信条是:特定自然环境的水质酿造特定的啤酒。这种用个性化的自然水产生的特殊的啤酒味道,属于"风土性"这个范畴。风土性和风味性都有特色和特性的含义,但风味更多的是站在超越本土的角度看待地方性或区别性,如江南风味、青岛风味等。而风土性则是指一种本土所特有的自然环境或风俗人情造就的特色,属于情景物的特性。风味性的啤酒走向世界,可以移植和复制;但风土性的啤酒回归乡愁、植根本土,不可移植和复制。

二、加工水、"波顿式处理"、风味性

自然水来自高语境的情景物生命系统,它只属于特定的地理空间。幸运的是,酿酒商可以酿造超出当地供水限制的任何风格的优质啤酒。这种超越自然水源限制、同时又可以调制出任何风格啤酒的水,就是加工水。显然,通过技术处理后的水即加工水,加工水调制出的啤酒味道属于词语化、功能物的"风味性"这个范畴。 加工水的诞生是词语化操控的结果,这里包括对水这个物质对象的科学认识。首先表现为对水的构成成分的分类和范畴化的区分、选择,然后,是通过技术手段将范畴化的知识变成物

质生产事件。这个过程就是一个先名后物的过程。使得加工水变成超越自然，成为不同人所需要的能够自由调配的功能性单位。

加工水的基本原理是：与啤酒不同风味相关的部分取决于酿造水的 pH、硬度和碱度。其中，pH 是相对酸度或碱度的量度；硬度是溶液中钙和镁离子总浓度的量度；碱度是衡量水的缓冲能力的指标。了解了这三种成分及其相互关系以后，人们便可以尝试通过技术手段调整它们的矿物质含量，最常见的三种方式是煮沸、过滤（包括反渗透和去离子技术）和稀释。通过不同方式的技术处理，即使硬度很大的水也可以用于各种啤酒风味的酿制。

可见，加工水的物质基础不再是特定地理空间的自然环境，而是一组由词语化科学观念统摄的结构对象：pH、硬度和碱度等。水处理的本质就是通过把自然水通过科学知识和技术手段分解出若干功能性单位，这些单位不再从属于自然环境而从属于科学技术话语体系。在符号学看来，水处理是一种先名后物的对自然水的符号化活动，"名"就是支配着生产的那些科学技术话语，物就是这个生产活动本身及其结果。从本质上讲，加工水模仿的不是自然而是人类自己的知识观念系统，模仿的是人对自然的认知方式。通过人为技术的水处理，人们可以在任何地方仿造出任何地域特色的水。例如，英格兰波顿地区生产的淡色艾尔啤酒，是利用本地富含硫酸钙的自然水所酿制而成淡啤酒。但是，在其他地区酿造这种淡色艾尔啤酒，需要模仿波顿水的物质成分，添加一定量的石膏进行水处理，该处理过程称为"波顿式处理"。这个"波顿式处理"，就是将自然水变成加工水，将原生现象变成符号性模仿，将本土性元素变成跨地域的普适性元素，这就是加工水的先名后物的功能化过程。所以，"波顿式处理"作为一个物质性的符号化活动，它所隐含的符号人类学意义在于：任一本土性元素通过符号性模仿移植到其他区域，都是一个离境化的功能物。自然水被分解为可以自由组合的"pH 值、硬度和碱度"等技术元素，这些元素再也不属于某个高语境的生命系统，而是从那个高语境的生命系统中抽离出来，从属于一个人为的科学知识体系，并在这个离境化的科学知识体系中被自由组合和加工，变成仿拟性的、可以大量复制、跨区域传播的功能性符号。所以，"波顿式处理"最终是把属于情景物的"风土性"啤酒变成功能物的、跨地域的"风味性"啤酒：风土性即啤酒的特色取决于自然水所代表的情景物生命系统；"风味性"即啤酒的特色取决于对风土性特色的人工技术模仿，使之可以大量复制、跨地域传播和移植。

自然水产生于情景物的风土性，加工水产生于功能物的风味性。

三、为什么水是最后一个被发现的啤酒元素？

啤酒中含量最多的是水，因此水也被称为"啤酒的血液"，水质及其内含物（微生物、矿物质等）对啤酒的质量和风味也会有直接影响。但是，在 19 世纪末之后，啤酒原料中的麦芽、酒花和酵母的问题已经得到基本解决,但随着啤酒业大规模工业化生产时代的到来,水对啤酒酿造的重要性以及供水的矛盾逐渐凸显出来,人类对水的重要性认识和应用才提高到一个科学技术新水平,由此,啤酒进入本文所谓的"淡水期"。

在啤酒的麦芽期、酒花期甚至酵母期,啤酒的酿造水主要以水源地的自然水为主。但是 19 世纪晚期以来,随着大工业生产的发展,啤酒产量出现持续而强劲的增长。从最后的 25 年到第一次世界大战前夕,啤酒产量增长迅猛——全球谷物价格大幅下降,技术进步提高了生产效率,推动了这种增长。20 世纪初期,世界上最大的啤酒市场出现在德国、英国和美国,规模类似:年产量分别为 50 亿~ 70 亿升。[①]

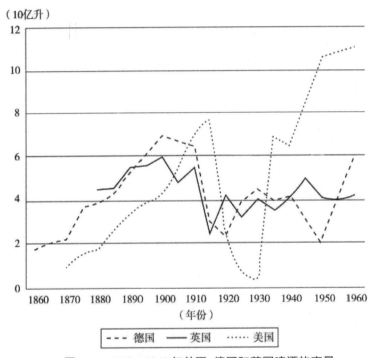

图 5-1   1860—1960 年美国、德国和英国啤酒的产量

(资料来源:B. Mitchell:*International Historical Statistics*:*Europe 1750—1993*,1998 年;转引自约翰·思文《啤酒经济学》,2018 年)

在现代大工业生产的领头羊美国,啤酒市场发生了翻天覆地的变化:1950—1980年,规模化酒厂的数量从超过 350 家下降到仅剩 24 家,如图 5-2 所示前四大啤酒厂的市场份额从 20% 上升到 90%。

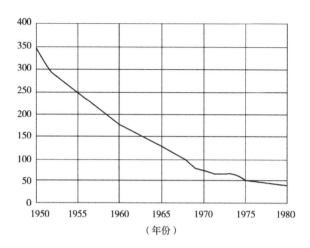

图 5-2 1950—1980 年美国啤酒厂数量

（资料来源：Victor Tremblay：*The Us Brewing Industry：Data and Economic Analysis*，2005 年；转引自约翰·思文《啤酒经济学》，2018 年）

到了 20 世纪 90 年代，地方酒厂的时代已经成为记忆，在安海斯－布希、米勒和库尔斯三大品牌间，啤酒爱好者分道站队。2000 年，第一大酒厂安海斯－布希占据 54% 的国内市场份额，比前八大酒厂占德国份额的总和还要高。到了 2000 年，美国前四大啤酒公司控制了美国 94% 的市场份额，而德国前四大啤酒公司控制了德国 29% 的市场份额。简而言之，和其他国家例如德国相比，美国啤酒市场集中化更明显，速度也更快。

在中国，最近 20 年间，啤酒产量从 1998 年的 1987.68 万千升快速增长，至 2013 年产量突破 5000 万千升达到历史顶峰，随后啤酒产量的增速放缓，开始小幅下滑，同比增长率也从 10% 以上下滑到个位数，到 2014 年后甚至出现产量连续下滑。21 世纪初我国啤酒产量即超越美国成为世界第一，2016 年产量达到 4562.71 万千升，占全球总量 1.93 亿千升的 24%，超出第二名美国近一倍。1998—2016 年国内啤酒产量如图 5-3 所示。

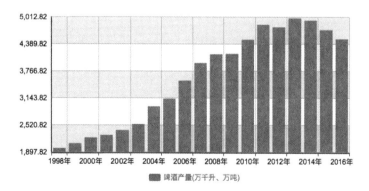

图 5-3 1998—2016 年国内啤酒产量

（数据来源：国家统计局）

近十年来，啤酒行业集中度也得到了显著提升。目前我国啤酒市场以华润啤酒最大,其次为青岛啤酒、百威英博、燕京啤酒及嘉士伯,形成了良好的市场竞争格局。其中青岛啤酒、百威英博哈尔滨啤酒、华润雪花啤酒是 2018 年 BrandZ™"最具价值中国品牌 100 强"入榜啤酒企业。根据各公司年报及中泰证券研究所测算的数据显示,2016 年啤酒行业第一梯队的五大寡头分别为华润雪花、青岛啤酒、百威英博、燕京啤酒和嘉士伯如图 5-4 所示。据此计算,我国啤酒行业集中度 CR5 已达到 74.7%,行业集中度较高。不过前三大企业的市场规模接近,尚未出现绝对的寡头企业,竞争、并购等持续激烈。

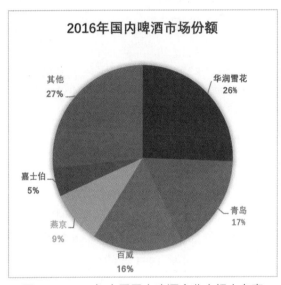

图 5-4   2016 年中国国内啤酒企业市场占有率

(数据来源:中泰证券研究所)

随着大规模化啤酒生产导致的市场集中化,啤酒自然水的时代已经过去。在工业化新兴时的酵母期,大麦、啤酒花一般可采用非本地质料,由于水的体积、重量较大,远途输运的成本较高,因此水大部分来自啤酒厂周边的优质水源。虽然啤酒中水的比例占到 90%～95%,但是啤酒酿造过程的每个步骤都需要水:清洗、冷却、包装;实际上最后啤酒中的水只占酿造用水的很少一部分。在一般的啤酒厂里,生产 1 单位体积啤酒需要 6～7 个单位体积的水。在效率较低的啤酒厂,这一比例可能达到 10∶1,甚至更高。因此,仅靠当地的泉水、井水等水源,是远不能满足大型啤酒厂的需水量。

一般来说,现代啤酒工业用水大多依靠城市自来水供应,但自来水厂提供的水源只从饮用角度考虑,无毒无有害微生物即可。这样的水质不一定能满足啤酒酿造的需要,因为水中的一定成分的矿物质,直接影响着啤酒的风味。如钠离子使口感不柔和(过量还有咸的感觉),镁离子发苦,铁离子存金属腥味、涩味,即使它们的含量为 $0.1g/m^3$ 也能觉察出来。尤其重要的是氯和硫的平衡与否,对啤酒的柔和度影响更为显著。氯离子会产生苦味,硫离子含量高则口感粗糙。为了满足酿造用水的要求,人们便想方设法将水中的无机离子去除，并加入其他酿造用水所需的物质。这一措施就能使不同地区或不同水源的啤酒厂能酿造出同一风味的啤酒。另外，水中的三卤甲烷、酚类等有机物也得去除。因此，为了保证啤酒质量，各啤酒厂必须建立一套酿造啤酒用水的专门处理系统。目前常用的水处理的方法大致有以下几种：①煮沸法；②定量添加饱和石灰水；③酸中和；④石膏改良糖化用水；⑤离子交换法；⑥电渗析法；⑦反渗透法；⑧活性炭吸附。[①]

所以，啤酒四要素之一的水，其内涵由古代的自然水变为现代的加工水，是啤酒大规模工业化生产的产物。在自然水时代，啤酒的水是一个情景物，它从属于水源地及其那个生命环境。在加工水时代，啤酒的水由若干可分析和自由加工的结构单位构成，因此它是一个功能物，它从属于一个科学知识谱系的分类系统，从属于一个脱离具体水源地但仍能复制出个性化的酿造水的技术加工系统。这个知识分类系统和技术加工系统让人类与自然的距离越来越远，越来越低语境化，以致可以达到这样的程度：即使是污水，经过水处理也能生产出最好的啤酒所需要的最好品质的水。加工水的普遍使用，使得人们告别了那个"啤酒看水源，红酒看山头（葡萄园）"的风土性文化模式，而进入一个要素自由调配的风味性时代。在风味时代，风土性的情景物分裂为一些结构碎片，通过自由的组合调配来模仿自然。因此，风土性指的是由自然环境和生命活动所决定的啤酒的品质特征；风味性则指的是脱离自然环境和生命活动的、由结构功能化自由调配系统所决定的啤酒的品质性特征。自然水是风土性的，加工水是风味性的。

当然，我们说现代啤酒进入加工水的时代，主要指的是大品牌的拉格啤酒。但实际上，世界各地仍有许多啤酒厂以自然水为主，许多啤酒风格都与特定的城市有关，尤其是艾尔啤酒。例如，英格兰特伦特河畔波顿的淡色艾尔啤酒、爱尔兰都柏林的世涛啤酒等。这些啤酒在各自的城市取得成功并与这些城市联系紧密的部分原因是城市的水的特性特别适合所酿造啤酒的风格。特伦特河畔波顿的硬水富含硫酸盐，这使得麦芽释出更多糖分、加剧了啤酒花的苦味和风味；都柏林的水富含氯化物，就特别适合酿造世涛啤酒，因为它能凸显啤酒的甜味。

所以，淡水期主要指的是啤酒的加工水主导的历史期，以拉格啤酒为主，在这种意义上说，也可叫作"拉格期"。拉格啤酒不仅适合于大规模工业化生产，促进了水的技术加工化进程，而且由于味道清淡，也被戏称为"工业淡水"，所以这也是本文命名为"淡水期"的理据之一。由拉格啤酒主导的加工水和清淡味道，是"淡水期"啤酒的主要特色。

---

① 颜坤琰，刘景文.世界啤酒大典 [M].重庆：重庆出版社，2001:153.

第三节　淡水期啤酒的味道:风味

啤酒的风味,在感知上是体味中断、舌尖和刺激物分离的结果。我们知道,古代啤酒感知上的"体味",指舌尖和味道当下接触而即刻产生的味道,味道随着体味的过程而获得,随着过程的结束而消失。或者说,体味总是舌尖连带着它的刺激物一起产生。这里说体味的"中断",真实的含义是人们可以在舌尖和味道脱离接触的条件下,通过观念性的词语或技术手段将味道呈现出来。譬如啤酒的"苦"、白酒的"辣"、红酒的"酸"、果酒的"甜",就是四种风味,即使人们没有即刻品尝它们,也能在词语上描述这种味道。而啤酒生产者、酿酒师、生物学家,则会在技术和科学层面上来分析、描述、加工这些味道。所以,体味是一个情景物符号,味道无法将舌尖与刺激物的即刻性关联分开,无法在刺激物缺席的条件下去概念化地分析、处理、加工味道。而风味的功能性表现为啤酒的味道可以在舌尖与刺激物脱离、在品尝活动缺席的条件下自由地对味道进行分类和加工。

因此,我们可以在感知方式上对"风味"下一个定义:指在脱离身体性、个体性经验感知的条件下,对某种味道通过符号进行范畴化概括或被社会共同认知的味道风格。所以说,风味是一个先名后物的功能物。

风味的离境化手段,即在观念形态而非实物形态上把握啤酒味道特色的手段,首先是风味的词语化和术语化。词语化和私语化相对,"妈妈的味道"是私语化的,"家乡的味道"则是词语化的,后者主要指公众在经验知识水平上对某种风味的共同感知,并将这种感知通过约定性词语表达出来。风味的术语化包括了技术话语和科学话语(见第四章)。这里主要指技术话语,即它将风味从体味所从属的与味道即刻性关联的情景中抽离出来,而放到一个组合或聚合性语言体系中来确立味道的风格。啤酒评审认证协会(BJCP)定期推出啤酒风味分类指南对啤酒加以科学分类,随着 BJCP 影响力的不断增强,此指南也已成为世界啤酒市场的风向标。2015 版《BJCP 啤酒分类指南》的总体宗旨是更好地从啤酒风格上描述世界各地的常见啤酒,并及时适应精酿啤酒市场的发展趋势,用更精准的方式描述传统啤酒及现代酿酒原料的各种感官特性。

啤酒的高度风味化是淡水期啤酒的重要感知特征。这里指的是整个啤酒家族的风味化而不仅仅指拉格啤酒。当然,拉格啤酒所代表的自由组合调配而来的规模化、技术化、科学化倾向,推动了各种啤酒的风味变成一个世界性的分类体系。

由于 2015 年版的 BJCP 啤酒风味分类指南内容过于复杂,下面我们选取的是分类指南及《啤酒市集》① 中的一些风味分类的案例,并从符号学的聚合系统和组合系统两个方面对其进行简要分析。

---

① [日]藤原宏之.啤酒市集:最实用的啤酒品饮百科 [M].代国成译.北京:金城出版社,2011.

一、风味的聚合系统

现在的啤酒类型多达上百种,我们从中选取较为常见的类型,对其风味特点简述见表5-1。

表5-1　常见啤酒类型

啤酒类型	类型代表	特点
Light Lager 淡拉格	International Pale Lager 国际淡拉格	最大众的啤酒类型,整体平衡性好;口感清淡;较淡的麦芽香气、苦度和谷物味道
Dark Lager 深色拉格	Schwarzbier 德国黑啤	颜色为中等棕色;口感干爽;丰富的麦芽香味、焦香麦芽味道
Pilsner 皮尔森	German Pils 德式皮尔森	颜色为浅黄至淡黄色,外观清亮;较高的酒花苦味、中低度的麦芽甜香,同时拥有独特的花香
Pale Ale 淡艾尔	American Pale Ale 美式淡艾尔	淡色、清爽;明显的酒花香味,啤酒花的味道特质明显;低度的麦芽味道
IPA 印度淡艾尔	English IPA 英式IPA	IPA是一类酒花味苦且重的啤酒,大部分颜色较浅,浓郁的酒花香味、强烈的酒花苦味、麦芽味道低
Strong Ale 烈性艾尔	British Strong Ale 英式烈性艾尔	颜色较深、口感厚重;酒精度高;甜香麦芽味道并带有水果香气;酒花香气范围变化较大
Porter 波特	American Porter 美式波特	颜色为中棕色到墨黑色;中等强度的深色麦芽香气和味道,通常具有轻度烘烤的特性;啤酒花苦味的范围宽
Stout 世涛	Imperial Stout 帝国世涛	颜色为红棕色到黑色、不透明;味道浓郁、强烈且复杂,多带有烘烤麦芽、果味、酒花苦味;酒精含量明显
Wheat Beer 小麦啤酒	Weissbier 德式小麦白啤	颜色为浅稻草色至深金色;小麦香气同时伴有较丰富的麦芽香味;低至中等强度的香蕉和丁香味;酒花香气淡;口感饱满干爽
Specialty Type Beer 增味啤酒	Wild Ale 野菌艾尔 Fruit Beer 果啤 Spiced Beer 香料啤酒 Smoked Beer 烟熏啤酒	在传统啤酒(原料为水、啤酒花、麦芽和酵母)的基础上,通过添加特殊风味物质(比如水果、香料等)或特殊工艺(比如烟熏),得到具有特殊风味的一类啤酒

资料来源:BJCP世界啤酒分类指南

同时,啤酒的评审专家列出了一个更为严格的风味系统如表5-2所示。

表 5-2　啤酒的异味

异味	特点
脂类	类似香蕉或洋梨的香味,然而德国小麦啤酒(Weizen)的特色就是这股水果香,因此对 weizen 而言是可以接受的
二乙酸基	如苏格兰牛奶糖的风味,若是艾尔(Ale)、波西米亚皮尔森啤酒(Bohemian-Style Pilsner)的话,微量是可接受的
DMS	如奶油玉米、烫青菜般的风味,清淡型拉格啤酒(light lager)的话,可接受微量
日光臭	像猫或臭鼬一样的动物臭味,照射到紫外线的话就会产生
酸化臭	像潮湿的纸张或纸箱发出的味道,啤酒劣化、酸化时会有这种味道
异戊酸	如乳酪般的臭味,啤酒花坏掉时会产生这种味道
金属臭	铁、金属的臭味,通常是酿造过程中机材、金属罐等破损或生锈所造成的
收敛性	涩味,要说是一种味道,不如说是残留在口腔内不愉快的刺激,啤酒花坏掉等原因都会造成

表 5-1 和表 5-2,实际上是将每种啤酒的风味纳入一个更大的范畴系统——整个啤酒家族中进行对比,它们通过各自的区别性在系统中获得自己的风味。这就是风味与体味的区别:风味的价值来自系统中和自他风味的观念性关系,是离境化的功能物;而体味的价值来自舌尖与刺激物之间即刻性体验,是高语境的情景物。

二、风味的组合系统

聚合是风味的静态分类系统,组合是风味的内部或外部的整体构成或搭配系统。

表 5-4 和表 5-5 是德国型皮尔森啤酒和英式淡色艾尔啤酒的风味组合内部结构表:一款啤酒的风味实际上是一个"多符号"系统,以味觉(味道)感知为核心,包括了视觉(外观)、嗅觉(香味)和触觉(口感)。

(1)德国型皮尔森啤酒。皮尔森啤酒很可能是现代史上最具标志性的啤酒风格,吸引了世界各地啤酒爱好者的注意,并引发了无数的地区性模仿。这种淡色、精致平衡的淡啤酒仍然是最受喜爱的啤酒之一,也是啤酒酿造者最具挑战性的产品之一。皮尔森的特点是颜色较浅,并且具有非常短的回感。在世界范围内,皮尔森风格的贮藏啤酒已经成为标准啤酒之一,美国手工酿造商已经努力为这种经典的德国啤酒添加他们自己独特的风味。

表 5-4　皮尔森的风味组合内部结构表[①]

外观	明亮麦秆色至金色,高度透明感,富含纯白绵密的泡沫
香味	欧洲上等啤酒花的温和香味,些许麦芽的香味
味道	欧洲上等啤酒花的温和味道,些许麦芽的味道,啤酒花的苦味强

① [日]藤原宏之.啤酒市集:最实用的啤酒品饮百科[M].代国成译.北京:金城出版社,2011:13.

续　表

口感	适中（比波西亚皮尔森稍淡）
酒精浓度	4%～5%
代表性品牌推荐	比特伯格离级皮尔森啤酒是德国最著名的啤酒品牌之一，带有温和的麦芽风味，和完整的啤酒花香，风味特别干爽，是世界各国啤酒商争相仿效的模范

（2）英式印度淡色艾尔啤酒。

表5-5　英式IPA的风味组合内部结构表[①]

外观	金色－深铜色
香味	充满英国啤酒花香味，如香蕉般的水果香，从少量至非常浓郁
味道	充满英国啤酒花风味，极强烈的啤酒花苦味，麦芽味道中等
口感	适中
酒精浓度	5%～7.5%
其他特征	低温时外观呈现白色浑浊
代表性品牌推荐	Baird Beer（帝王IPA） Baird Brewing以严谨的态度酿造出品质极佳的手工酿造酒，采用少量的方式，一次只酿造30升，"帝王IPA"是在英式IPA里加了美式风味的美味啤酒。

风味的外部组合主要指啤酒的风味与其他食品、器具、环境的组合。

表5-6是风味与伴酒物的组合。

表5-6　啤酒风味与伴酒物的组合[②]

	啤酒	配餐
德国	皮尔森啤酒（Pilsner） 德国型黑啤（Schwarzbier） 德国小麦啤酒（Wwizen） 科伦啤酒（Kolsch）	德国马铃薯 法国猪脚 法兰克福香肠 德国泡菜
比利时	白色艾尔啤酒（White Ale） 赛森啤酒（Saison） 兰比克啤酒（Lambic） 烈性艾尔啤酒（Strong Ale）	炸薯条 兰比克蒸贻贝 松饼 巧克力
英国	淡色艾尔啤酒（Pale Ale） 棕色艾尔啤酒（Brown Ale） 大麦酒（Barley Wine） 苏格兰艾尔啤酒（Scottish Ale）	炸鳕鱼与马铃薯 烤牛排 牛肉腰子派 肉馅羊肚

---

① ［日］藤原宏之.啤酒市集：最实用的啤酒品饮百科［M］.代国成译.北京：金城出版社，2011：37.
② ［日］藤原宏之.啤酒市集：最实用的啤酒品饮百科［M］.代国成译.北京：金城出版社，2011：121.

续　表

	啤酒	配餐
美国	清淡型拉格啤酒（Light Lager） 淡色艾尔啤酒（Pale Ale） 琥珀艾尔啤酒（Amber Ale）	汉堡 热狗 纽约牛排 巧达蛤蜊汤

表 5-7 是风味与酒杯的组合。

表 5-7　酒杯与香味、泡沫、味道、温度的关系 [①]

风味	杯型
香味	杯口渐宽的酒杯：香味扩散 杯口渐窄的酒杯：香味闭锁 杯口宽广的酒杯：香味直接进到鼻子里
泡沫	细长型啤酒杯：享受气泡层层飞升的乐趣 杯身中段窄的酒杯：形成绵密的泡沫
味道	液体容易流进口中的酒杯：啤酒直接碰到舌头，最先感知到甜味 液体不易流进口中的酒杯：啜饮啤酒时，舌尖会缩到牙齿后侧
温度	薄玻璃杯：温度容易上升 厚玻璃杯：不易影响啤酒温度

小　结

啤酒的现代化过程就是一个从整体性的情景物逐渐依次分化出麦芽、酒花、酵母和水的功能化进程。从物语的角度看推动这个进程的最主要力量是啤酒生产经验和技术知识的词语化。本章讨论的"水"的功能化，主要表现为自 19 世纪晚期至今，啤酒的酿造用水由自然水转向加工水的过程。所以本文称为淡水期。

淡水期啤酒最重要的代表是拉格系列的啤酒。目前全世界 90% 左右出产的啤酒属于拉格，在中国更是近乎垄断。拉格啤酒代表了大工业规模化生产的历史趋势，因此，局限于本土水源地的供水已不能满足大工业生产的需求，于是通过技术处理，在任何地方都能生产出最好的啤酒味道的加工水，成为 19 世纪晚期以来啤酒发展的总趋势。

在淡水期以前，酿酒使用的主要是自然水。从自然水到加工水，可以表述为"水"由一个情景物（自然水）在变成词语性功能物（可以对水的构成成分进行科学分析、分解、重新组合）后，可以自由地进行技术处理，以满足大工业生产的需要。所以，加工水也成为大工业生产的"先名后物"的功能性物语符号。

---

① ［日］藤原宏之 . 啤酒市集：最实用的啤酒品饮百科［M］. 代国成译 . 北京：金城出版社，2011：
　　101.

除了生产方式中水的功能化以外,在感知方式上,淡水期啤酒的味道也呈现出风味化的趋势:啤酒的味道不再依靠舌尖与刺激物即刻性关联产生的体味或瞬间记忆,而转变为一个由公共词语、科技话语负载的观念物,进而使啤酒的味道从对刺激物的当下关联的高语境中脱离出来,从属于一个概念性的词语和术语的分类体系。这种词语和术语分类体系,使得啤酒味道全面风味化,可以自由组合、调配,以满足大规模工业化生产时代的需要。

第六章

后工业的精酿啤酒

啤酒产生于饥渴。饥渴作为一种生命活动，既是物质的又是精神的，既是自然的又是文化的。啤酒的进步产生于人类对"饥渴"本身所包含的这双重关系的重新阐释和再利用。啤酒的发展，从起源到麦芽期、酒花期，再到酵母期、淡水期和精酿期，每一次的历史转型，都是由人类对啤酒的重新阐释和利用所推动的。由于这种饥渴本质上不仅是产生于对不断变化的啤酒味道的嗜好，更是对一种生活、文化更新的渴望。正是这种双重渴望，推动了啤酒的进步；也正是啤酒，成为人类文化进步的液态性符号表征。这是符号人类学关注啤酒的根本理由：啤酒作为一种文化物语，它是以何种符号化方式既见证又建构了人类文化的进步的。

对于饥渴的消除既是人的一种有意识的行为，又是一种自然的本能。二者结合而成人类生命的活动本身。或者说，人的生命活动由自然本能和意识行为共同构成的，二者统一于文化符号、文化物语。本文从符号学的角度将二者描述为情景物和功能物两种文化力量。我们在第一章讨论了二者的区别："情景物"则代表人与自然、人与他的生存环境（天人）之间紧密依存的高语境化符号方式，它产生一个先物后名的情景物。譬如，同样是 IPA（India Pale Ale），英式 IPA 很强的麦芽香来自欧洲麦芽所特有的良好层次感，而美式 IPA 的特色则基于美国西北部奔放的啤酒花香味。而热衷于同质化替代、复制的工业拉格啤酒，这些风土性的味道就让位于统一的配方、统一的原材料所产生的标准化风味。显然，风土性味道指向它的产地及其当地风情，是高语境的先物后名的情景物；标准化风味指向技术术语体系、指向配方、指向流水线，风味只是这个术语系统或工业流水线的一个结构功能单位，因此它是低语境的先名后物的功能物。

啤酒的发展，就体现了情景物和功能物这两种生命力量交替领跑、互动发展的生命路程。起源期和麦芽期的啤酒是最接近情景物，接近自然环境、自然本能、风土性概念的啤酒：野生或本土种植的大麦、就地取材的河水、身边随手自由使用的各种土产香料,自然发酵及身体经验性工艺……一切都指向自然界,指向人对自然的简单而直接的模仿和顺从,自然条件多变性和人的无意识的、私语化经验导致了啤酒味道的不确定性、随机性:它始终烙有那块特定的土地和人群的深深印记。

然而,人类面对无敌的自然力量也展示了自己强大的离境化、功能化的符号力量。在啤酒的起源期和麦芽期,低语境的功能化产生于人与自然的第一次大规模的分离:人类从采集文明转向农耕文明,人们从情景物对野生植物的高度依赖,转向从这种依赖中解放出来而向土地要粮食:谷物种植。谷物种植和以麦芽为核心的人工啤酒,代表了人类生命活动的一次重大的功能化转型,代表着人类对自然的第一次离境化的阐释和利用:通过对自然环境界的辨识、命名、阐释和借助既有的知识符号对物的主动利用和加工,让自然秩序向有利于人的文化秩序发展。所以,谷物和啤酒不仅仅属于原生物体系中的自然物,同时也是一个为人而用的技术功能物,它们被纳入一个由人来主动安排和处置的文化秩序中,谷物和啤酒在这个文化秩序、文化系统中充当了一个结构功能物。

第一节 精酿啤酒产生于功能物的再情景化

情景物和功能物,构成文化物语内部的两极。实现物语这两极的符号化方式主要有两种词与物的关系:物名关系,即本文第三章中所谓的靠身体性技术操作物的过程中产生的符号化活动,先物后名的关系:人与物同处于一个高语境的情境中,人首先面对着物和自然化对象,然后通过符号对它进行私语化的辨识、称谓、说明、交流、利用、操作,整个符号化过程交织着人与物浑成融合的生命活动。名物关系,即第三章所谓的靠概念技术性操作,是先名后物的关系:如基于一个图纸或配方生产出的产品。显然,先物后名的关系物是高语境的情景物,先名后物的关系物是低语境的功能物,后者产生于一个由文本或符号编制的世界,产品不过是这个符号世界系统中的一个结构功能单位。

即使原始社会也存在这两种词与物的关系——一个原始人偶然发现野生啤酒可以饮用,这个个体经验存在着私语化的先物后名的关系:人与物之间即刻性的高语境关联,使得物(野生啤酒)作用于人而产生私语化意义(可以饮用)的"名"。当他把自己的个体性即刻经验告诉周边的人时,这个即刻性经验被语言离境化了,被大家共享而词语化了。人们根据这个词语化知识而学会利用野生啤酒,而不必亲力亲为去重新发现那个经验。这便是一个先名后物的功能化过程。

谷物和啤酒成为人与自然关系的关节点,一种具有双重符号化方式的物语:它既是情景物又是功能物,既是先物后名关系又是先名后物关系。只不过在相对条件下,某种方式占主导作用而已。所以相对于后期的酒花期、酵母期和淡水期,起源期和麦芽期啤酒的符号化方式显然是先物后名的情景物。

啤酒花期代表着人类对啤酒自身新的理解和阐释，通过对啤酒花的辨识、命名、利用和加工，人类对啤酒自身的口味特征开始形成自觉意识，啤酒自身由一个混成的自然整体情景物，被有意地分析为麦芽和酒花这两个基本要素构成的结构系统，这意味着啤酒发展的进一步结构化、功能化和词语概念化。但是，啤酒花期的功能化和低语境化相较于后期的酵母期和淡水期，前者又是接近高语境、情景物主导的一极。因为酒花期啤酒人们虽使用酵母但对酵母的原理几乎一无所知，虽然使用水，但随手可取、用之不竭的当地水源就像空气一样为大自然所赐。酵母和水都笼罩在人与大自然亲密无间的情景化的私语交流和隐性编码中。

酵母期标志着人类从中世纪的昏暗时代走出而进入一个理性的、科学的、工业时代，代表着啤酒低语境化发展的新阶段。在中世纪之后，理性主义哲学、科学的发展为酒花期和酵母期的词语化知识体系奠定了深厚的基础，随之而来的技术化、工业化、离境化的技术生产。酵母原理的发现使得啤酒内部结构系统得到全面的科学阐释，啤酒四要素即麦芽、啤酒花、酵母和水的词语化原型模式得以形成。啤酒开始脱离高语境的风土性：大麦、啤酒花可以异地种植，酵母作为一种概念化、工业化技术更脱离具体自然环境的制约而得以广泛应用。在起源期、麦芽期，啤酒是情景化的当地产品，因为没有远途运输、没有异地种植、没有技术性酵母，所以那时的啤酒紧紧依存于产生它的土地和社会，它是一个高语境的风土性情景物，它的全部味道就来自那块土地的禀赋。酒花期尤其是酵母期，运输、种植、发酵逐步地离境化了，啤酒逐步地功能化了——啤酒的生产越来越依赖一个词语事件所支配的符号化生产，这就为啤酒的工业化生产和复制奠定了基础。

酵母期代表着工业化时代的到来，但是使用自然水酿酒还是一个普遍的情况。由于受水源地的制约，啤酒难以大规模生产。于是，随着啤酒技术的进一步功能化，加工水出现了，它可以在任何地方生产出最好的啤酒所需的酿造水。加工水是低语境的科技力量的集中体现。这使得啤酒的生产规模无限扩大，于是出现了像美国前四大啤酒公司占据高达90％的市场份额的巨型啤酒生产商，它们主要是生产拉格啤酒。

因此，淡水期的啤酒再不是高语境的当地的产品、再不是风土性的情景物，它已经失去了任何起源感，它是一个最高程度的低语境功能物：物自身已经脱离自然物体系而成为人为安排的技术符号体系中的一个结构功能单位，它的价值越是来自这个符号体系，它的功能性、低语境性便越强；相反，越是接近自然物体系，它的风土性或者情景化越强。

可见，情景物和功能物本是一相对的对比项，其中，啤酒技术功能物的代表是拉格啤酒，情景物的代表是艾尔啤酒。

首先从啤酒生产的四要素看（表6-1）。

(1)麦芽:艾尔啤酒一般使用大麦芽;酿制拉格啤酒时为了使酒体更轻盈,有时也是为了降低成本,经常会添加其他可发酵糖类,如大米、玉米等,有时候还会使用纯液糖。[1]

(2)啤酒花:艾尔啤酒根据类型、口味不同而使用特定风味的啤酒花,同时也会根据酿造的不同阶段(熬煮、干投)而选择啤酒花,常用的有苦味、香气及苦香兼优啤酒花,主要突出酒体特定的苦味、水果香气等;大多数国际风格的拉格啤酒和淡啤酒的啤酒花用量较少,仅为艾尔啤酒的十分之一甚至更少,且类型比较固定。

(3)酵母:艾尔啤酒使用上发酵酵母,"副产品多、浓郁的香蕉水果香、适合细细品尝"。拉格使用啤酒低温的下发酵酵母,"副产品少、没有水果般的香味"、口感清爽。

(4)水:艾尔更多的使用处理的自然水,拉格更多的使用工业加工水。

表6-1　艾尔啤酒、拉格啤酒的四要素区别

	艾尔啤酒的风土化	拉格啤酒的功能化
麦芽	大麦芽	除使用大麦芽外,还添加替代物
啤酒花	鲜或多种酒花	干、单一酒花
酵母 (发酵方式)	上发酵	下发酵
水	自然水	加工水

拉格啤酒四要素的功能化,为啤酒的大工业生产提供了物质基础,同时也带来了啤酒味道的风味化。就啤酒味道的感知方式而言,艾尔啤酒的风土化味道主要倾向于体味性的:某产地纯正的大麦芽或高温烘焙麦芽的烟熏味,英国富戈酒花的香草、红茶味,波顿地区的"硬水"造就的风味丰富感,上发酵的味道"副产品多、浓郁的香蕉水果香、适合细细品尝"。[2]这些基于风土性的味道品质是通过舌尖与啤酒的即刻性品尝中分辨出来的,风土性味道带来的多样味道副产品适合细细品尝、慢慢体验,这是一种高语境的身体性语言交流,味道就在舌尖与啤酒即刻性感知的过程中产生,总而言之,可用一个"鲜"字概括。因为"鲜"作为一个情景物的符号化范畴,它代表了人与自然之间距离感的缩小,它的味道来自原汁原味性、来自啤酒对来自物产地味道的最新鲜的保留。这种以"鲜"为宗旨的风土化啤酒酿造,是围绕自然赋予人们的原材料来酿酒——回归到之前使用本地啤酒花、谷物和水酿制的时代。其中一个比较有名的例子是著名的英国酿酒小镇——特伦特河畔波顿,酿酒商发现当地的井水中富含硫酸钙矿物质,特别适合酿制啤酒花香气类型的啤酒。因水而合,酿酒商根据水的特点酿制了

---

[1] 提姆·魏普,史提芬·波蒙.国家地理:世界啤酒地图 [M].卢郁心译.台湾:大石文化出版社,2015:28.

[2] [日]藤原宏之.啤酒市集:最实用的啤酒品饮百科 [M].代国成译.北京:金城出版社,2011:69.

啤酒花口味更突出的啤酒花浓郁型啤酒。

拉格啤酒的风味性则属于"熟"的功能物范畴。"熟"文化代表人与自然距离感的扩大。早在农耕文明之前的原始人类,脱离动物界的最重要文明标志就是熟食文化,熟食背后隐含着人类生存手段的离境化、技术化、功能化进程:火的使用、石器的打造……使人类一步步远离自然。在现代社会,"熟"的功能化符号学含义是指,由科学技术推动产生的各种产品对自然物的符号化替代程度。例如,啤酒原料中大米对大麦的替代、干酒花对鲜酒花的替代、高技术的下发酵对高技能的上发酵的替代、加工水对自然水的替代。任何替代都是一种观念性词语对在场性实物的替代,是一种离境化的符号手段,每一次替代都意味着原点或情景物的消失和缺席。

在味道感知上,"熟"文化则表现为风味感对体味感的替代。上一章论及,啤酒的风味,在感知上是体味中断、舌尖和刺激物分离的结果。所谓体味的"中断",指人们可以在舌尖和味道脱离接触的条件下,通过观念性的词语或技术手段将味道呈现出来,以替代风土性的体味。

风味化包括两种离境化、功能化的符号化方式:一是对丰富的自然味道进行离境化的概念性分析,将其纳入知识谱系中,这是科学知识话语;二是借助于这些知识谱系对概念化了的味道进行科学实验、技术加工,使之成为可以在啤酒中自由调配的技术本位的人工味道,这是技术话语。风味的科学知识话语,是将风味放到一个组合或聚合性语言知识体系中来确立味道的风格,技术话语则是将风味纳入一个组合系统中实际操作(见第五章)。

味道的风味化显然较之风土化更接近功能物文化。大工业的拉格啤酒之所以处于啤酒风味化的顶端,是因为它集中体现了功能化风味的本质特征:替代和复制导致了大规模的工业生产而降低了生产成本,成为大众的生活必需品;这种替代和复制是以牺牲风土性味道的自然丰富性为代价的,不可言说的、慢慢品尝的风土味道被特征鲜明、口味单一、同质化的"清爽"和"畅饮"所取代;由此产生的交流模式也发生变化:风土性体味营造了一种细尝慢饮的慢生活、较私域化的封闭空间,风味性的清淡拉格则属于激情畅饮的快生活、较大众化的公共空间。

但从 20 世纪 70～80 年代起,情况悄悄发生了变化,啤酒开始进入一个新的时代:精酿期。

第二节　啤酒的精酿期

一、精酿啤酒的起源:"真艾尔"运动

英国的精酿复兴运动出现在 20 世纪 70 年代末至 80 年代中期。20 世纪 70 年代,由于英国啤酒行业的高度集中化,很多消费者对市场上充斥着同质化工业拉格啤酒表

示不满。这种情况造成了对传统艾尔啤酒日益增长的需求，并导致了"真艾尔啤酒运动组织"（CAMRA）的创立。这是一个由啤酒爱好者发起的运动，他们游说恢复"纯正艾尔啤酒"，即用传统技术酿造的桶装啤酒——未经巴氏杀菌和过滤，由手动泵而不是气体驱动的分配器供应。CAMRA 运动提高了人们对传统啤酒的认识，同时也改变了饮用纯正麦芽酒者的形象，不再是之前"留着大胡子，啤酒肚"的形象，预示着传统艾尔啤酒开始全面复苏。

　　几乎在英国精酿运动发起的同时，美国也开始兴起精酿啤酒革命。美国市场的啤酒同质化情况更甚。尤其值得一提的是，1965 年 Fritz Maytag 收购了当时即将倒闭的具有 69 年历史的铁锚酿酒厂（Anchor Brewing Company），保留了艾尔啤酒的酿造传统。美国麦芽与欧洲麦芽在香气上存在较大差异，并不适合直接按照欧洲的配方酿制 IPA。经过一番努力，Fritz 创新性地利用干投（Dry Hops）啤酒花技术，充分凸现了美式啤酒花的香气优势，在当时美国独特啤酒和啤酒厂几乎消失的时候，酿造出了多样化的、独具特色的啤酒，如 Anchor Porter（1972）、Christmas Ale（1975）以及被称为美国首款现代啤酒的 Liberty Ale（1975）——这款美式印度淡色艾尔（American IPA）在一定程度上播下了美国精酿啤酒运动的火种。同期无数的小酿酒商和工厂开始酿造传统艾尔啤酒。虽然当时还没有"精酿"的概念，但在之后的几十年时间里美国精酿迅速传遍世界。

　　以复归欧洲艾尔传统为宗旨的精酿运动，体现了后现代主义对同质化的现代工业社会的一种反拨。但是我们看到了其中的差异：英国的"真艾尔"运动更关注的是复归、守护欧洲啤酒传统；美国的精酿主旨也是回归艾尔传统，但更注重创新和变化。二者都是拉格啤酒的概念性技术和知识规范的挑战和重新阐释。所以，精酿啤酒是一种"再私语化"进程。这二者共同构成了现代精酿文化的精髓：精酿啤酒对于消费者而言，其在赋予经典与传统的同时，又带来了新口味的体验及对未来的渴望。这也是对美式精酿和英式精酿的概括：致意过去（英式精酿），体验新风（美式精酿）。致意过去和体验新风两种精神元素融入精酿高语境的符号化活动中，譬如品尝一杯精酿啤酒，人们既体味到其中自然风土性又感受到酿造师独居的匠意。这是生命活动中人与自然即刻性关联的高语境关系的双重要素："致意过去"即体味精酿的风土性，意味着对拉格啤酒造成的人与自然疏离感的消除；"体验新风"即感受精酿师的创意和匠心，体现了对拉格啤酒千篇一律的同质化风味的拒绝。在精酿啤酒这个情景物的生命活动中，人与自然之间是一种双向的互动关系：自然通过符号（如风土性啤酒）向人展示它自身，人通过符号（如再私语化的创意性啤酒）向自然显示人自身。情景物的符号化活动把人与自然的两极统一于一个生命活动构成的符号场域，在这个情景物符号场域中，我们既看到了过去（风土性），又看到了未来（创意性）；在人与自然互动的生命活动中，过去和未来两个要素的关系不断得到强化又不断相互拆解：在回归过去传统时，发现创新更容易接受；在摆脱传统束缚进行创新时，发现传统的东西更有说服力。这种情景物符号精神，就呈现于精酿运动中美式精酿和英式精酿之间的互动：美式精酿通过干投的理念和酒花技术完成了对英式精酿的超越和创新，同时又表达了对传统精酿的致意。那是一种传统和未来同居一室、既相互解构又握手言欢的后现代文化精神。

二、精酿的精神内涵：本土性和创新性

目前美国是世界精酿啤酒运动的领头羊，也是少数给精酿啤酒做出定义的国家之一。2018 年 12 月，美国酿酒商协会 BA 重新修订了关于精酿啤酒酿造商的定义：小型（年产量不超过 600 万桶）、独立（非精酿酿造商或公司拥有的股份不超过 25%）和必须持有烟酒税收和贸易局（TTB）的酿造商许可证。

以下是美国酿酒商协会发布的精酿啤酒和精酿啤酒酿造商相关的一些概念。[①]

（1）精酿啤酒酿造商是小型酿酒商。

（2）精酿啤酒和精酿啤酒酿造商的标志是创新。酿造商以独特的方式诠释历史风格，同时开发史无前例的新风格产品。

（3）精酿啤酒通常采用传统成分制成，如大麦麦芽；有些非传统成分可以添加以增加独特性。

（4）精酿啤酒酿造商倾向于通过慈善、产品捐赠、志愿服务和活动赞助来积极参与社区活动。

（5）精酿啤酒酿造商采用独特的个性化方式与客户建立联系。

（6）精酿啤酒酿造商通过所酿造的产品及独立性保持自身的完整性，不受非精酿啤酒厂的影响。

（7）大多数人住在离酿造商 10 英里的范围内。

以下概念包含了情景物文化的基本内涵。

（1）风土性。消费者与酿造厂商的 10 英里范围建构了一个高语境的物理空间，小型、工艺、个性化都体现了特定语境中人与物即刻性关联时产生的风土性特征。

（2）创新性。在情景物的人和自然互动的生命活动中，创新性表现为对既定技术科学话语系统的颠覆和再私语化，这是美国精酿定义更强调"创新"："精酿啤酒和精酿啤酒酿造商的标志是创新。酿造商以独特的方式诠释历史风格，同时开发史无前例的新风格产品。"美国纽约爱尔兰洋基啤酒公司的合伙人兼酿酒师 Gerard McGovern 在谈到这一点时说："是的！酿酒所使用的大多数配料当然是相同的，但在传统的欧洲啤酒厂里，谁会想到用墨西哥辣椒来酿造啤酒？只有在美国，精酿啤酒酿造师才会相信他们拥有绝对的自由去探索将这些奇怪的材料应用到啤酒中，并且没有历史传统的重重束缚来阻碍他们打破常规……更准确一点说，相对欧洲拥有的悠久啤酒历史传统而

---

① 引自美国酿酒商协会对"精酿啤酒酿造商"定义及解释。

言,我认为美国正在创造新的啤酒酿造传统——在过去的十年中,我们已经生产出了各式各样口味的 IPA。这一全新的'传统'已经展示了我们酿造啤酒的新进步。我不相信人们对待生活的态度从一开始就与传统观念保持一致。我们正在不断地改变传统和固有的规则。"

风土性和创新性可能是全世界精酿啤酒的共同特征,也是后现代高语境文化的基本精神内涵。大多数精酿啤酒在风土性和创新性这二者之间徘徊,相对而言,美式精酿更接近创新一极,但绝不否认它有强烈的风土特征;而欧式精酿更强调风土性、传统性一极,但绝不是说它没有创新。只不过我们根据精酿二元要素主导型的差异,可以区分出创意精酿和风土精酿。风土性精酿指向起源或本原,指向欧洲传统的艾尔;创新性精酿指向未来的可能性,指向一切高品质的、带来新鲜体验感的啤酒,包括艾尔和拉格,甚至包括啤酒和其他饮料边界模糊的饮品。

精酿啤酒内部风土性和创新性二元要素的区分,还表现于消费语境的差异。Gerard McGovern 也提到了这方面的不同:"美国啤酒的美妙之处在于,在当地的酒吧或啤酒店里,有各种不同颜色(品种)的啤酒可供选择!而在欧洲,虽然相似的种类都有售卖,但并不是在任何一个地方(国家、城市、村庄或酒吧里)都能买到。为了得到更多的选择,你必须到处跑、去不同的地方才能买得到你最想要的。"

美式精酿,酒吧或酒店成为一个多元化啤酒的聚集平台,可供顾客任意选择,这显然突出了精酿的创新、带来多样新鲜体验感的主题;欧式精酿则"为了得到更多的选择,你必须历经不同的地方才行。"更追求一地一品,更突出风土性的主题。当然这不是绝对的,欧洲也不缺少美式的精酿店。

但是相对而言,欧式的一地一品模式是功能性的,多元性只会乌托邦式地出现在超市柜台上或啤酒分类词表上,它们并不在真实消费的物理空间中碰面,它更追求单一品种的精致和独一无二性,这是精酿的风土性的内涵之一。而美式的"多元聚集"模式则是高语境的情景物,消费者直接面对更多啤酒的选择,而多元性,正是精酿的创新精神的品质之一。

国内的精酿酒馆分为两种基本类型:瓶子店和自酿店。相对而言,瓶子店更突出"多元聚集"主题,自酿店更突出"一地一品"主题,但这不是绝对的,大多是你中有我,我中有你,只是某个主题更加突出、主导罢了。

第三节 精酿期啤酒生产方式的再私语化

精酿啤酒的基本精神是由风土性和创新性既区分又统一的原则构成的,下面本文重点从再私语化的角度,对构成精酿文化的这两极做一个符号化描述。

所谓再私语化,就是将功能物再回归为一个情景物的过程中,对概念性、词语化技术性话语所造成的同质化、标准化、离境化格局的有意破除,重归情景物的私语化言说方式。主要包括两种私语化符号化手段:理据性方式和动机性方式。理据性方式指向情景物的物质性起源,如风土性、本土性、地方性等都属于理据性方式的范畴;动机性方式指向情景物中的人的目的和创意,如精酿的创新精神属于动机性方式的范畴。

精酿啤酒作为一种对情景物私语化的回归,并非真正对古代啤酒的私语化的简单回归。在人通过符号建立与自然的紧密关联的情景物符号化过程中,存在两种方式:粘合和程序。这是索绪尔使用的术语:"粘合"是指一种无意识的、集体习惯所形成的一种私语化符号活动,如古代啤酒的私语性话语;"程序"则"含有意图、意志的意思,而没有意志的参与正是粘合的一种主要特征。"① 显然,精酿啤酒的再私语化属于"程序"这个范畴,是人们有意识设计的结果。

一、精酿生产再私语化的理据性方式

精酿生产的再私语化理据性指酿造过程指向"地方性"或"物质性起源"的倾向,建立啤酒生产过程与物质起源、地方性之间的自然理据。主要包括以下内容。

(一)指索理据

符号的指索关系在皮尔斯的符号学那里指符号与对象之间的自然关联,譬如风向标和风的自然关联,脚印和某人的自然关联,成色和物品内在质量的自然关联等。在啤酒文化中,指索方式表现为啤酒生产指向地方性、传统性要素。指索方式追求啤酒原材料水、酒花、麦芽等的原汁原味,反对替代。譬如,内华达山脉酿酒厂标志性的 Pale Ale 使用了本土的啤酒花 Cascade,它带有强烈的(至少在当时)松树和葡萄柚的地方性味道。

前文所述的美国最新 2018 年的精酿定义解释中有一条"大多数人住在离酿造商10 英里的范围内"。其中的"大多数美国人"指的是消费者,"酿造商"代指啤酒酿造厂。这说明消费者和生产者距离不能太远,必须保留一种空间上的物理关联性,减少中间环节,喝酒的时候指向生产那个源头——这就是指索关系。指向自然、指向起源,建立指索符号与指索对象之间的自然关联,是啤酒风土性的重要特征。

(二)模仿理据

模仿是重要的符号化方式,图画是对原型的模仿,甜味剂是对糖的模仿,"蛙"这个汉语词是对青蛙叫声的模仿。美国铁锚酿酒厂创始人 1975 年从欧洲带回一款浓烈的淡色艾尔(Pale Ale)配方,酿造出了第一款真正意义上的美式精酿啤酒,便主要是一种模仿。所谓啤酒的复古风也是一种模仿。这款复古啤酒就是受启发于经典的 19 世纪英式大麦酒,是对悠久传统的致敬。在白橡木桶中进行长达 6 个月的陈酿,给啤酒

---

① [瑞士]菲尔迪南·德·索绪尔.普通语言学教程[M].高名凯译.北京:商务印书馆,1980:248.

带来了醇厚的酒香和诱人的木质烟熏气息，以及微妙的蜂蜜韵味。欧洲大陆的精酿更多的是复古性模仿。在普遍功能化的拉格啤酒世界系统里，刻意维持、标榜自己的风土性。

（三）转译理据

在翻译理论中分为源语言和目的语。如英文（源语言）"Laser"翻成中文（目的语）有两种方式：一是音译为"镭射"，二是意译为"激光"。音译的"镭射"体现了以源语言为认同坐标的模仿理据，而"激光"则以目的语为认同坐标，此即转译理据。在转译理据中，外来词被汉化、本土化了。从更广义的符号范围看，各种外来文化元素本土化的过程，都叫作转译；任何本土性文化元素只要包含了对外来文化元素的借鉴、改造因素，都叫作转译理据。如早期德国殖民地的青岛地区，在接触到了欧洲的奶酪以后，用做豆腐的方式进行了仿制，名为"羊奶豆腐"。这就是一种转译过程，羊奶豆腐中隐含了让欧洲奶酪本土化的转译性理据。

转译在跨文化交流中叫作"本土化"。常住北京的美国精酿师高泰山，在对待精酿啤酒质料的问题上，坚持全部采用中国本土产的原材料。当时国内其他的精酿啤酒的风格均模仿国外，但德国、英国等国家的啤酒都各具本地特色。因此他在中国做精酿，就坚持用中国产的麦芽、啤酒花和酵母，添加其他的中国特产材料，比如茶叶、香料，同时尤其注重中国历史及文化等元素。高泰山从中国的饮食文化里面得到许多灵感，比如四川花椒、茶叶或者菊花，这些原料的加入让啤酒的风味惊喜不断，并且深受外国顾客的喜爱。他的精酿啤酒中具有浓郁的转译理据性。

（四）意象理据

符号活动中隐含着人的直觉性身体经验，这就是意象理据。如汉字"休"字，用"人靠在树旁休息"的直觉性意象（身体性理据）来表达抽象的"休息"概念。意象性理据是靠非理性的身体经验与世界建立关联。汉字古代象形字强调"立象尽意"，就是以意象性理据的象形字形表达抽象的汉语概念。日用品也存在这种符号现象，比如筷子、毛笔与刀叉、硬笔相比，前者包含了更多的身体经验，它需要一定的技能训练和经验积累才能把握。所以，筷子和毛笔作为物语符号，在它们的使用中凝结了使用者身体经验的意象理据。一切身体性技术的操作，都具有意象理据的特征。

精酿啤酒生产也强调身体性技术的意象理据：拒绝大规模工业化技术化生产，强调手工作坊式的身体性技术的操作。英国所谓的"真艾尔"（real ale），就是指未经过高温杀菌及过滤，发酵结束后直接装桶、后熟成的艾尔。这种真艾尔省去了杀菌和过滤的技术环节，将酒的熟成交由酒保，而酒保是凭借自己的身体经验和与环境的互动关系来决定的，这就淡化了概念技术、突出了身体性技术，所以，真艾尔凝了更多的身体性技术的意象理据。实际上具有指索理据、指向起源和原汁原味的啤酒，都倾向于淡化概念性技术的复制和规模化生产而强调身体经验意象。比利时的康笛龙啤酒厂生产的野生酵母啤酒，看上去像一个 100 年都没有清理的仓库，厂主人介绍说这个环境刻意不做任何改变，"是为了提供适合野生生长的环境"。①让空气中的酵母菌飞到麦汁里产生佳酿，与一般从实验室里产生的酵母不一样。它靠的不是概念技术，而是自然条件和人的临场性经验的身体性技术。

三泉老克里克就是利用野生酵母菌发酵的酸干型兰比克啤酒作为基酒，然后加入新鲜樱桃后发酵 6～8 个月成熟而成。其口感自然，不需添加任何其他的调味剂或者甜味剂。装瓶后的啤酒仍需在温暖房间内二次成熟 4 个月，直到完成瓶内自发酵才能得到成品。

指索、模仿、转译和身体意象共同构成的风土性，本质上是对独一无二的高品质的追求。在古代啤酒时期，这种品质是一个自然现象；而到了精酿文化时代，这种品质来自人们自觉的追求和维护。

二、精酿生产再私语化的动机性方式

创新是精酿文化的另一个主题。在再私语化中，创新表现为对人的动机性方式的强调，对自由、变化、个性、多元的追求。动机性方式主要包括以下几种。

（一）调配

调配即去功能化，将啤酒及其内部构成要素的结构功能转变为依语境而变的自由调配单位。在工业拉格啤酒那里，啤酒及其内部构成要素从属于一个刚性的结构体系。譬如四要素（麦芽、酒花、酵母、水）适应为了规模化生产，已经高度去理据化、去风土化了，离境化的替代品的广泛使用，使得工业啤酒四要素之间的搭配要受严格的技术工艺制约。精酿啤酒解构了这种固定化的酿造体系，根据具体环境和需求的变化，采取更为自由和灵活的酿造方式，因此口味也更多变。

第一代精酿啤厂的产品主流为淡色艾尔啤酒、世涛啤酒、波特啤酒、拉格啤酒。第二代精酿酒厂酿制了多元化的产品，比如比利时风格艾尔、兰比克风格啤酒以及水果艾尔啤酒。如今的精酿酒厂的产品在保留传统品类的基础上，也加入了更多个性化的因素，比如引入各种本地化的原材料酿制庄园啤酒，也使用各种红酒木桶进行啤酒陈酿。

（二）创意

动机作为一个符号学现象，指符号中包含着人的主观构意动机。如汉字"突"，用犬从洞穴中突然窜出的意象来表示"突然"的抽象概念，这隐含了造字者的诗性想象和创意。明代椅子直角的靠背，隐含了那个时代对人的身体规训（正襟危坐）的道德要求。这种动机性包括个人的创意和集体性的文化观念，但在精酿文化中主要是个性化

---

① 谢馨仪.精酿啤酒赏味志 [M].北京：光明日报出版社，2014：74.

的创意,精酿是酿酒师展示自我动机的舞台。如过桶帝国世涛啤酒——酿酒师通过巧妙的组合创造出这款独特的啤酒,在酿造的过程中加入咖啡、巧克力等。在创新型的精酿啤酒中,每一款都深深打着酿造师个性化创意的印记。

创意和意象理据都是精酿生产过程中人的要素。但意象性更强调身体经验与环境的和谐;创意性更强调对环境的主动超越。当然称精酿为所谓的"工艺啤酒",工艺二字其实包含了意象性经验和创意性动机二元不可分割的成分。

（三）拟像

法国哲学家波德里亚的术语,指的是"遮蔽基本现实的不在场"的符号。如迪士尼乐园,它是一个非现实的虚构物,但这个虚构性被遮蔽了,人们像是走进一个真实的物理世界。拟像的符号化方式是:它无须原物和实体、无须指向起源、指向风土性理据,它通过一个模型来生产真实:一种超真实。①

美国酿酒师 Nile Zacherle 推崇"原产啤酒"的理念,但他所追求的精酿的风土性、原产性却是"先名后物":推出一种生产模式,然后让它落地化。Zacherle 酿造啤酒的原料全部取自本地:当地的泉水、水库或地下水作为酿造用水,大麦、啤酒花采用当地种植的品种,他甚至还专门建造了一个制作大麦麦芽的麦芽室,以更好地控制制备的麦芽质量并保留当地大麦独特的风味。通过这些手段和措施,他所酿制的啤酒具有原产地的高度真实性。但是,Zacherle 的真实性或原产性源自一种设计方案、一种虚构的设想,然后让它成为在地化、现实化的"拟像"。美国 Almanac 酿酒公司在内华达山脉开发了一系列独具特色的啤酒,称为"庄园啤酒"——完全由酿酒厂种植的啤酒花和大麦制成。另一家大型精酿啤酒厂 Rogue Ales 也在他们的酿酒厂附近购买了啤酒花和大麦农场,并开始使用这些农场的原料酿造自己品牌的啤酒——Rogue Farms,他们甚至还用农场种植的南瓜酿造出了独特的南瓜啤酒。显然,"庄园啤酒"和"南瓜啤酒"都是"拟像",它通过一个模型来生产真实:一种超真实,超风土性。

（四）聚集

聚集是一种文化语法,指有意安排各种异质多元文化元素在同一语境中碰面、聚集,产生互补、碰撞、对话的交流效果。聚合与聚集是相反的概念。一份啤酒家族分类词表,是聚合概念,词表代表的啤酒并不在同一现场或语境中出现,各种啤酒之间是以同质化概念的区别性为分类基础的。当一个厂家或酒店生产各种不同啤酒的时候,这就是聚集,它们在同一场景共同出现。聚集代表了文化的异质多元化倾向,它也是精酿啤酒动机性创新所一直在追求的内涵。

从生产方式看,精酿的"聚集"或多元化指酿造者和啤酒种类的多元化。美国早期对精酿啤酒厂的定义为小型(产量不超过 600 万桶)、独立(非精酿酿造商或公司占

① 高亚春.符号与象征:波德里亚消费社会批判理论研究 [M].人民出版社,2007:206-207.

股不超过 25%）及传统（所酿啤酒大部分必须源自传统的原料）。其中"小型"的定义旨在突破几家大啤酒商垄断全国市场的同质化单一局面,让较小的同一区域内出现无数家多元并存的酿酒商,这就是聚集。多元生产商的聚集必然带来当地啤酒种类的聚集和多样化。欧洲是多元啤酒文化的聚集地,啤酒种类繁多,主要以拉格啤酒（德国、捷克等）、艾尔（啤酒淡色艾尔、印度淡色艾尔、波特、世涛等全部来自英国）、小麦啤酒（比利时）等为代表。国内著名的青岛啤酒厂,常年生产单一的拉格啤酒。近年来也随潮流而动,开始生产 IPA 精酿啤酒,逐步走向多元化。"聚集"意味着一个高语境空间:啤酒不在简单地属于一个结构分类体系,而与在场的空间产生关联。青啤在生产单一拉格时期,IPA 只是在概念分类上与青啤产生关联,而在现实中分属不同语境、彼此隔绝;进入多元化时代之后,拉格青啤和 IPA 青啤进入一个共同的语境或空间,由聚合转向聚集。

第四节　精酿期啤酒感知方式的再私语化

精酿啤酒生产活动的结果体现于啤酒味道,因此精酿啤酒感知味道的方式也是风土性和创新性、理据性和动机性的结合。我们还是从再私语化的符号化方式的角度,来考察精酿啤酒在味道感知方面的理据性方式和动机性方式。

一、味道的理据化

指精酿啤酒味道感知上体现出的地方性、本原性特色。

（一）指索和模仿理据

味道指向或模仿自然而非人工的倾向。比利时的林德曼果味啤酒,直接将传统发酵的啤酒与水果原汁（樱桃、桃子等）结合,具有饱满甜美的水果香气。啤酒的味道直接与所使用的材料的味道保持自然指索关系。加拿大生产的激情苏格兰艾尔,则以 19 世纪的苏格兰艾尔为模仿范本,使用苏格兰产的泥煤烟熏过的麦芽,创造出略带烟熏的风味。

（2）转译理据。模仿理据和转译理据都涉及不同符号之间的翻译交流问题,模仿以源符号为认同坐标,如加拿大微怒苏格兰艾尔对他国啤酒味道的模仿。转译以目的符号为认同坐标,也即交流翻译中对符号本土化的强调。前文介绍的由美国人 Alex 和 Kris 合作创立的京 A 啤酒,为了适合中国人的口味,他们在啤酒的原料上也多采用本地食材,有时会在中国探索有趣和季节性的食材,采用花椒、石榴等本地食材,酿制本土口味的啤酒;或结合地域特色,在啤酒中加入北京应季的玉兰花。各种实验性和季节性啤酒也都如此,如糖炒栗子、烤红薯、冰糖葫芦、西瓜等各式啤酒。这些本地食材所散发的自然味道是舶来品本土化的产物。

（3）意象理据。意象理据关注在符号化活动中人的身体经验所起的作用。在味道

续　表

的感知中,意象理据表现为体味,即舌尖与啤酒即刻接触中所感受到的丰富、多层次的厚重性味道。这种味道的"厚重性",就是一种意象理据:荷兰的帝磨栏啤酒是一款偏酸口味的帝国世涛啤酒,酒液呈深黑色,由于在威士忌桶中陈酿过,其口感极其厚重复杂,酸与咸、麦芽香与烟熏、水果与木头等各种口味混在一起。根据网上统计的信息,很多消费者表示快饮的口感过于苦涩,而慢饮则能感受到酒体内各种味道间的平衡性,口感也变得更加柔软。精酿啤酒厚重的体味感所导致的细品慢尝,代表了一种慢生活文化方式。

二、动机性:追求新的体验

创新主题不仅表现在精酿生产上对自由、变化、个性、多元的追求,在啤酒味道感知上也是如此。

(1)调配。在工业性拉格(少数精酿性拉格除外)啤酒那里,味道从属于一个概念构成的风味体系,啤酒味道的内部成分保持了稳定不变,外部则在风味体系中产生区别性而与原材料的风土性无关。精酿啤酒则将味道放到特定语境中进行调配和感知,形成一个味道感知符号场,在这个高语境的符号场内,各种要素都被自由地调配并参与了味道的构成。就啤酒味道的内部构成看,精酿喜欢采用各种个性化的增味手段。就啤酒味道的外部构成看,精酿啤酒的味道在一个异质符号场域的关联中实现自己的独特性。这个异质符号场关联主要包括精酿与食品的搭配关系、精酿啤酒与其他饮品的搭配关系、精酿啤酒与器具的搭配关系、与环境布置的搭配关系、与文字图片的解释关系。

(2)创意符号的动机性在啤酒的感知方式中表现为对味道的想象力、诗意、情感力量的强调,表现为对体味感的超越而变成一种意味,一种有意义的味道。体味属于味道感知的风土性范畴,它的味道来自舌尖与啤酒、身体与刺激物的直觉感知所得到的丰富性;意味属于味道感知的创新性范畴,它的味道不仅来自体味,更依赖对体味的想象及其这种想象的各种符号化手段。

味道的体味产生的厚重感也是可以言说的,但只是私语性的即刻表达。意味的厚重感则是私语和词语的结合。所谓词语,不仅仅指词典化、术语化、书写化的语言,也指一切让精酿啤酒厚重的味道得以在公众领域呈现的各种符号化手段:文字的、图片的、环境的。

在公众领域公开传播展示的图文,是啤酒味道的理解方式,只有被词语化理解了的味道才能更好地感受它。而当词语化理解介入到味道的构成中时,人的动机、想象力和诗意也就参与其中,这就是"意味"的内涵。工业拉格啤酒只有味道没有"意味"。"意味"属于一个高语境,属于特定的食材、特定的酿造师、特定的味道、特定的消费者、特定的调配系统、特定的文字图像。

笔者在青岛进行田野调查时，曾对喝精酿啤酒的消费者做过一个访谈，在问及现有的精酿知识对他有什么价值时，访谈者回答说："了解精酿知识最主要的目的，可能是为我购买啤酒提供筛选参考，包含价格、口感、酒精度等信息。因为市场上有许多优质的酿造品牌，我不可能仅靠名字来想象它的味道，也不可能全部买回来品尝。这时就需要参考别人的'品酒笔记'，可以直接看到别人的评价及建议，以便于更好地筛选。"①

所谓的"品酒笔记"就是词语参与味道的构成的范例。

（三）拟像

拟像性味道无须指向起源、指向风土性理据，它通过一个模型来生产味道：一种超真实。这是一种"先名后物"的符号化方式：根据观念性符号去创造一个现实味道的世界。拟像是一种模型化创新及其现实化的符号活动，这也是美国精酿运动非常突出的特点。美国有许多 IPA 啤酒比赛，在比赛中生产厂先推出概念性的味道产品，然后才走向市场——这个过程就是拟像。在 1999 年的 IPA 比赛中，美国的 Russian River 啤酒厂推出了一款概念产品——Pliny the Elder——更重的口味、更高的酒精含量和更浓郁的香气，产品的问世就直接定义了 Double IPA（双倍印度淡色艾尔）。这个概念产品进入市场后广受欢迎，各个厂家也都陆续推出了相应的产品。

拟像不仅在啤酒味道的构成中发生，也出现外啤酒外部语境中。由于精酿啤酒的风土性和创新性带来的高语境文化，使得这种啤酒的味道超越啤酒本身而从属于一个更为广泛的符号域，味道在这个符号域中得到升华。"啤酒花园"就是这样的味道符号场域。

不知道是谁第一个发明了'夏日啤酒花园'（Summer Beer Garden）这个概念，总之，如今只要是夏天，你在全世界都能找到这样的一片沁凉美处。一般说，露天搭起啤酒花园的场所都倚靠公园或是大片绿地，一堆凉棚，或是数顶阳伞，便容下了抱着大杯冰啤酒闲适纳凉的人们，通常这样的地方绝不供应正儿八经的晚餐，而代之以各种搭配啤酒的小食……日式的啤酒花园中，啤酒的配菜也是地道的东方特色：盐水煮毛豆、撒着木鱼花的炸油豆腐块、裹海苔面粉炸的鱼子丰盛的多春鱼。②

显然，"啤酒花园"作为一个以啤酒味道为核心的符号场域，首先是一种模式、一种乌托邦式的虚构语境，然后人们把它投射到现实中、推广到世界各地，成为一个掩盖它的虚构性的真实，一个超真实的拟像。

---

① 根据访谈资料整理，2018 年 2 月.

② 殳俏. 啤酒的异邦 [J]. 三联生活周刊，2013-09-02.

（四）聚集

一切聚集性的符号都是寄寓于同一空间产生当下交流的符号，与之对立的是聚合，后者的符号单位旨在概念分类系统中会面，在现实中各不相干。聚集性味道也是如此，它首先指舌尖中聚集了丰富的、多层次的各种味道。意象性理据的味道也是聚集，比如本文提到的世涛啤酒中包含了极其复杂却又平衡的"酸与咸、麦芽香与烟熏"等各种味道，它们共同在我们舌尖上出现、被同时或依次感知。但是聚集和意象的区别在于人对味道感知上的差异：着眼于舌尖与味道之间的身体直觉经验，获得的是味道"意象性理据"，它只可意会不可言说，或者能够被言说也是私语性的、瞬息万变的。基于舌尖与味道之间的概念和技术分析而产生的味道的丰富、多层次性，则是聚集，聚集是人们有意识创新的结果。当然，意象和聚集常常取决于我们分析问题的角度，相对而言，古代艾尔啤酒的味道更多的是意象性理据，后现代艾尔啤酒的味道则主要是"聚集"。它表现为可以被公众约定的词语言说和知识性分析。

聚集不仅发生在舌尖上，也出现于味道所处的外部符号场域中。

比较典型的是精酿啤酒馆的聚集。在青岛，精酿啤酒馆包括"瓶子店"和"自酿店"两大类。"瓶子店"主要以出售世界各地的瓶装精酿啤酒为主；自酿店则以自家酿造的各种散啤为主。这两类精酿店都体现了"聚集"这一特性：瓶子店把世界的各种味道集于一个空间供消费者自由选择；自酿店也不是单一品种，有若干款味道的啤酒同时推出而且不断更新。工业性拉格啤酒的多样性一般在超市中表现出来，但那是一个聚合系统，不同品牌的工业拉格在现实消费中很难自同时消费，因为工业性拉格味道淡爽，趋于同质化，不同品牌之间具有可替代性，人们感觉不到雪花啤酒和青岛啤酒之间的明显差异，人们只对它们的品牌保持某种忠诚：青岛人青睐于青啤，北京人青睐于雪花，之于味道的差别感并不突出。而精酿一酒一品，相互不可替代，因此需要在同一消费空间聚集让消费者自由选择。

以上我们从风味性和创新性、理据性和动机性两个方面，讨论了精酿啤酒在生产方式和感知方式上表现出的再私语化倾向：人与自然关系的统一性——风土性表现出啤酒符号向自然理据靠拢的倾向，创新性则是啤酒符号以人为认同坐标。这两种倾向统一于精酿啤酒生产和感知的符号化过程中而不可分割，二者共同构成了一个统一的文化世界。拉格主导的淡水期以前的艾尔啤酒，保持了这种文化世界的统一性，但这种统一性是经验的、未经科学分析和反思的统一性。工业拉格啤酒诞生于这种文化世界统一性的丧失，既丧失了自然的味道又丧失了人的体温，高语境符号变成低语境的冷冰冰的技术复制品，工业性拉格就是这双重丧失的象征符号。当然，在今天，工业淡水拉格还是啤酒消费的主流和大众性饮品，但精酿的复兴折射出人类后现代文化的共同趋势：精酿啤酒文化旨在抵制工业拉格为代表的文化对人与自然的割裂，精酿文化旨在弥合这种割裂重建文化世界的统一性：人与自然的和谐相处。

功能物的工业拉格起源于文化世界统一性的丧失,情景物的精酿啤酒诞生于对丧失了的统一性的重建。

小　结

英国的精酿复兴运动出现在 20 世纪 70 年代末至 80 年代中期。20 世纪 70 年代,英国部分啤酒爱好者出于对市场上充斥着同质化工业拉格啤酒(lager)的不满,发起了"真艾尔啤酒运动组织"(CAMRA)的创立。这是一个由啤酒爱好者发起的运动,他们游说恢复"纯正艾尔啤酒"(real ale),即用传统技术酿造的桶装啤酒,未经巴氏杀菌和过滤,由手动泵而不是气体驱动的分配器供应。几乎与此同时,美国也开始兴起以复归欧洲艾尔传统为宗旨的精酿运动,体现了后现代主义对同质化的现代工业社会的一种反拨。但是我们看到了其中的差异:英国的"真艾尔"运动更关注的是复归、守护欧洲啤酒传统,美国的精酿主旨也是回归艾尔传统,但更注重创新和变化。

啤酒的精酿运动是高度功能化的拉格啤酒的概念性技术和知识规范的挑战和重新阐释。所以,精酿啤酒是一种"再私语化""再情景物化"的进程。精酿啤酒包括了两种文化精神:致意过去(英式精酿),体验新风(美式精酿)。致意过去和体验新风两种精神元素融入精酿高语境的符号化活动中,譬如品尝一杯精酿啤酒,人们既体味到其中自然风土性又感受到酿造师独居的匠意。这是生命活动中人与自然即刻性关联的高语境关系的双重要素:"致意过去"即体味精酿的风土性,意味着对拉格啤酒造成的人与自然疏离感的消除;"体验新风"即感受精酿师的创意和匠心,体现了对拉格啤酒千篇一律的同质化风味的拒绝。在精酿啤酒这个情景物的生命活动中,人与自然之间是一种双向的互动关系:自然通过符号(如风土性啤酒)向人展示它自身,人通过符号(如再私语化的创意性啤酒)向自然显示人自身。情景物的符号化活动把人与自然的两极统一于一个生命活动构成的符号场域,在这个情景物符号场域中,我们既看到了过去(风土性),又看到了未来(创意性);在人与自然互动的生命活动中,过去和未来两个要素的关系不断得到强化又不断相互拆解:在回归过去传统时,发现创新更容易接受;在摆脱传统束缚进行创新时,发现传统的东西更有说服力。这种情景物符号精神,就呈现于精酿运动中美式精酿和英式精酿之间的互动:美式精酿通过干投(Dry Hops)的理念和酒花技术完成了对英式精酿的超越和创新,同时又表达了对传统精酿的致意。那是一种传统和未来同居一室、既相互解构又握手言欢的后现代文化精神。

第七章

青岛的啤酒街

本书的第七、第八章,我们进入"田野叙事"和田野写作。我们在导论中区分了三种人类学物的写作:物的元语言写作(物语的纯理论研究)、物的词语写作(文献条件下的物语研究)和物的田野写作(在场物的自我言说)。田野写作具体说是"先物后名"的叙事:面对一个在场物,通过我们的笔,让物自我言说。与之相对的是"先名后物"的词语化叙事,即第一至六章,词语化叙事指向物的替代符号词语,在词语层面上讨论啤酒物语。因此,啤酒物语包括了两种词与物的叙事方式:先名后物的词语化叙事和先物后名的田野叙事。这两种叙事包含的物语表达了相互补充的两极:田野叙事使啤酒物语的书写始终与情景物原初的物质性、起源性、动机性保持"决定性"联系;词语叙事则是对情景物的离境化书写,通过悬置情景物在场的方式去思考、反观物的普遍意义,这种"反观"是通过词语化写作来实现的。所以,物语写作包括文字性反观(词语叙事)和情景物再现(田野叙事)两种符号化力量:"唯有在文字反省目光之下的人类生活才是本质性可见的,而书写的真理唯有在不断地向人类学的田野原点的复归中才能获得。"[①]

因此,笔者认为,人类学的物语写作应该在自觉区分元语言写作、词语叙事和田野写作的基础上,重叠地使用这三种叙事方式。

第一节 登州路——永不落幕的啤酒节

青岛的魅力很大部分也来自啤酒的魅力。因此青岛也被称为中国的"啤酒之城""啤酒飘香的名城"。啤酒让青岛充满浪漫和激情,也造就了青岛独具特色的啤酒街景文化。

民间自发形成的啤酒街或称为"民间啤酒街",最出名的要数"营口路啤酒街"。

---

① 孟华. 在对"物"不断地符号反观中重建其物证性——试论《物尽其用》中的人类学写作 [J]. 百色学院学报, 2015(2):87-97.

当然,还有一些啤酒街随着城市改造的进程而逐渐势弱甚至逐渐消亡了,典型的代表就是"黄岛路啤酒街"。这些啤酒街多依附于周边大量地居民区、繁华商业区等。而官方规划建设的啤酒街中最有代表性的是登州路上的"青岛市啤酒街"。登州路是青岛啤酒的诞生地。作为一条以啤酒为主题,集合餐饮、娱乐、旅游为一身的文化街区,它有各类门店近百家,其中餐饮类,如啤酒吧、饭店等数十家,以经营最新鲜的青啤和海鲜为主要特色,在旺季时分每天光顾的食客有上万人,也被誉为"永不落幕的啤酒节"。

一、两副面孔的登州路啤酒街

啤酒街区文化,是城市中供休闲、餐饮、聊天的市井空间,它体现了城市慢节奏、风土性的一面。我们在描述青岛的啤酒街时,把其分为两类:一是依环境而自然生成,一是人为的规划。前者是一个风土性的情景物,它的形成来自啤酒、来自居民、来自当地的公共设施条件;后者是创新性的情景物,它的形成来自方案、来自规划,是一个真实的"拟像"。登州路啤酒街相对于民间色彩浓郁的营口路啤酒街而言,更具官方规划的色彩。但就登州路自身的前世今生的分析,它具有两副面孔:既是依环境而形成、具有厚重的历史感和自然理据性,又是政府主动规划、创新设计的动机性结果;既是风土性符号,又是创意理念投射的产物。

(一)前世

登州路是一条充满历史变迁的文化街,是青岛啤酒的发源地,在国内外有着独特的影响力,见证了百年青岛啤酒从这里走出国门走向世界,继承和丰富了青岛百年沉浮的历史,也反映了百年岛城的变迁和梦想。现在的登州路横跨青岛市南、市北两个区,南接文化氛围浓郁的大学路,北至松山路,东至延安二路。登州路历史悠久,几代居民生于此、居于此,形成了独特的城市景观。从登州路街道的生活场景中,既可以看到这座城市的历史,也能感受到如今的人文情怀。

"九曲八弯"的登州路是青岛最古老的道路之一,是旧时通往台东镇的主干道。明朝万历年间,就是从入海口青岛村通往即墨县城的驿道;后在清朝光绪十八年(1892年)登州镇总兵章高元将其修筑为可通行骡马车的官道。

在德国殖民占领期间,登州路被改造成米勒上尉街,德国士兵就驻扎在旁边的贮水山毛奇军营。在啤酒厂成立之前,德国商人在登州路的军营附近开设了青岛第一家啤酒馆,专门售卖从欧洲进口而来的啤酒,当时的主要供给对象是西方侨民及官兵,鲜有国人光顾。英德商人于1903年在这条街上的56号建立了一家啤酒厂——日耳曼啤酒公司青岛股份公司——青岛啤酒厂的前身,使用传统的德国技术酿造德国风格的皮尔森淡色啤酒以及慕尼黑风格黑啤,采用的水是青岛本地的崂山泉水,仍旧是供应给在青岛的德国士兵和外籍人士。①

显然，德国人在青岛植入的啤酒的种子，就扎根于登州路。登州路成为青岛啤酒文化的发源地。早期啤酒作为舶来品对青岛本地人而言还是文化乌托邦，它仅仅是一个外来风味概念，还没有进入寻常百姓的生活。啤酒的风味是对整个酒类系统或啤酒内部系统进行概念分析的产物，它从属于一个去本土化的差别化体系。

啤酒的风土化、高语境化最初是从西方洋行中工作的中国人开始的。本地人逐渐喜欢啤酒，当时其他地方的 Beer 被译为皮酒、麦酒。登州路上曾建有直隶会馆、北京会馆，近水楼台，饮宴时也开始饮用啤酒。早期，供应啤酒的饭店主要是西餐店、酒吧，从19世纪20年代后期，中餐饭店开始供应啤酒。啤酒风潮从西餐厅吹到了中餐馆。每年夏季，第一海水浴场都有啤酒屋，供游人品尝消夏。

梁实秋、孙大雨、老舍先生等都曾在登州路附近住过。"酒中八仙"之一的梁实秋在《忆青岛》中写道："我虽然足迹不广，但北自辽东，南至百粤，也走过了十几省，窃以为真正令人流连不忍去的地方应推青岛。"去西餐厅吃牛排时，"佐以生啤酒一大杯，依稀可以领略樊哙饮酒切肉之豪兴"。②1933年9月，柯灵游览青岛之后在《岛国新秋》中写道："就是这样在浪花里沉浮，在沙滩上徜徉，让炎夏的白昼偷偷溜过。厌倦了，你可以向沙滩后面走去，疏疏的绿树林子里设着茶座，进去喝一杯太阳啤酒，③喝一瓶崂山矿泉水，或者来一杯可口可乐罢；无线电播送的西洋音乐和东洋音乐在招诱着呢。"④

随着青岛啤酒被作为"国货精品"及现代文明代表的象征，也从上层人士及外国人享用的"洋货"逐渐走入寻常百姓家的餐桌上。于是，岛城每户过年的计划供应券上有啤酒的身影，家宴酒桌少不了啤酒，送礼送青岛啤酒成为青岛人热衷的外交手段，小巷街头涌现出门前摆满啤酒桶的啤酒屋，啤酒厂绿皮的运酒车穿梭往来，仿佛流动的酒泉，恨不能把酒送到每家每户的桌边。

20世纪六七十年代，青岛啤酒的产量有限，并且大部分都是出口外销，国内供应量没有像今天这么充足，属于紧俏货。因此，啤酒厂所在的登州路就聚集了许多经营部，既有工厂自营的，也有经销商加盟的。那时候的人们如果想大量地购买啤酒，大多数情况下必须去登州路。为了弥补瓶装啤酒的供货不足，青岛啤酒供应散装啤酒作为补充。由于散啤没有经过高温杀菌，保质期较短，登州路周边的居民利用距离近这一天然优势，经营起啤酒屋售卖刚生产的新鲜散啤。"口感好，不限量，还是青啤直供"，在人们的口耳相传下，越来越多的人慕名而来。渐渐地，登州路上就聚集了许多专门供应散啤的小餐馆和啤酒屋，即使后来啤酒产量完全足够供应后，这些小酒馆和餐馆也

① 鲁海，鲁勇. 青岛掌故［M］. 青岛：青岛出版社，2016：90.

② 梁实秋. 忆青岛［J］. 文化月刊，2008（2）：23-25.

③ 青岛啤酒股份有限公司. 青岛啤酒纪事1903-2003［M］. 青岛：中国海洋大学出版社，2003：4.

④ 柯灵. 岛国新秋［A］. 柯灵散文选［C］. 北京：人民文学出版社，1983：18.

保留了下来，形成了具有啤酒特色的街区。登州路逐渐成为青岛重要的本土性文化元素。

登州路作为一个啤酒文化符号，它自身经历了由功能物的外来舶来品转化为情景物的风土性青岛元素的过程，折射出风土青岛对西方文化的转译，负载了青岛人对厚重的啤酒文化的共同记忆（图7-1）。

图7-1 登州路上的青岛啤酒经营部
（图片来源：作者拍摄于2016年3月）

（二）今生

随着青岛啤酒的产能扩张，瓶装啤酒随时随处都可以买到了。散装啤酒也开始采用不锈钢啤酒桶盛装，既保温又保压，在散布于青岛大街小巷的啤酒屋、餐馆、酒店中都有了供应。啤酒街渐渐地失去了其原有的地位，青岛本地人去的越来越少，大部分都是外地游客去游览或消费。到了21世纪初期的时候，这条道路逐渐衰落，环境也变得脏乱差，不仅不利于周边居民的生活，也影响了青岛啤酒的品牌形象。2004年即使青岛啤酒厂就坐落在这条街上,可谓是近水楼台,然而整条街上的生意并不红火,可谓很冷清,只有零星的几个餐馆常年营业,大部分餐馆只在夏季游客多的时候才开门,而到了冬天啤酒销量淡季的时候,大都处于关门歇业的状态,一年只做一季的生意,甚至有一些缺少特色的餐馆难以为继,只能倒闭或转让。

在 1991 年,青岛举办了第一届啤酒节。此后,啤酒节一年比一年热闹,规模也越来越大。但是 2016 年以前,啤酒节只在每年的 8 月份于啤酒城内举办不到 1 个月,如果在其他时间人们还想喝酒,就只能去商圈或者饭店,缺少一个相对集中的啤酒文化集散地。为了把啤酒文化和啤酒节上的狂欢气氛常年保留下来,充分发挥青岛啤酒的品牌带动效应,青岛啤酒厂(图 7-2)的所在地政府把打造登州路"啤酒街"——"永不落幕的啤酒节",列为 2005 年的必办十件实事之一。依托百年历史的青岛啤酒厂,围绕突出啤酒文化,总计投资 2000 万元,在保留青岛老建筑特色的基础上,对登州路及周边街道的整体环境进行了重新设计与升级改造,拆除了破旧建筑,统一规范店铺,整修扩宽道路。同时,引进了一些大型的餐饮服务商,并进行了一系列装修。改造升级后的登州路环境及形象变得焕然一新。中国首条具有啤酒特色的啤酒街——青岛啤酒街——便诞生于登州路。

啤酒文化在青岛人们心目中具有重要的地位,这也就使得建立在这种文化基础之上的啤酒街成了展现啤酒文化的桥头堡。百年前的"米勒上尉街"诞生了青岛啤酒,百年后的登州路转身成为啤酒街。历史与现实相呼应,积聚起了啤酒文化与青岛人文氛围的多种元素。

登州路的前生今世两副面孔,体现了对舶来品的转译到现代性规划设计、风土性和创新性相结合的啤酒文化内涵。

图 7-2　青岛啤酒厂

（图片来源：作者拍摄于 2016 年 4 月）

二、动机性

精酿啤酒的精神是风土性和创新性、理据性和动机性的统一。作为一种文化语法，这种精神最典型地体现于精酿啤酒的生产和感知中，同时也存在一切啤酒文化活动中。尽管青岛啤酒主要是工业性拉格类型，但它内部也包含了功能物啤酒和情景物啤酒的二元要素，这就是瓶装啤酒和散装啤酒的二元对立。显然，登州路主打的"青啤直供"的散装啤酒，它是与本土文化紧密关联的情景物，这使得"登州路"成为青岛风土性和创新性相融合的名片性文化符号。

（一）调配

创新表现为对自由、变化、个性、多元的追求。其中调配是重要的手段，将啤酒馆置于一个由自由调配单位构成的啤酒文化组合链。

2005 年 8 月 16 日，一条崭新的特色街区——登州路啤酒街以新貌展现在世人眼前。全面的翻新与升级改造后的啤酒街以青岛啤酒厂、登州路为中心，总长度约 1200 米，老破旧的道路被彩色道路所取代，沿途建筑全部被重新粉刷，路边违章建筑也都被清除一空。

2006 年，登州路正式被命名为"青岛啤酒街"（图 7-3）。2009 年 4 月，经过几次示范论证和精心设计后，整个街区进行了二次升级，增加了欧式壁画和装饰等元素，进一步展示了啤酒街的国际化街道的形象。装修后，登州路具有浓郁的啤酒文化风味。青岛啤酒厂屋顶的巨型发酵罐，街心广场上八个形态各异的啤酒瓶雕塑，路边随处可见的啤酒瓶座椅、绘有啤酒节吉祥物的古力井盖、啤酒桶式的垃圾桶、浪花状的巨大遮阳

图 7-3　青岛啤酒街简介

（图片来源：作者拍摄于 2018 年 3 月）

棚、沿街墙壁上的啤酒漫画及工艺流程图。所有这一切都紧扣啤酒的主题，但又自由发挥。雕塑与绘画，经典复古与现代工艺相结合，既有欧式餐馆也有中式酒吧，使得登州路成为名副其实的啤酒特色文化街。在登州路上建立了与啤酒相关的文化符号如博物馆、酒馆、文化景观、休闲场所……的组合链条。创新文化的"调配"还涉及其他方面：如整条道路上的建筑都按照欧洲德式风格进行了重新修整，景观得到显著改善美化。古力井盖上的啤酒杯、卡通动物图案，风格优美，设计独特，使道路更加古雅有趣，与整条道路的风格相得益彰（图 7-4 和图 7-5）。

图 7-4　古力井盖上的"啤酒节"吉祥物造型
（图片来源：作者拍摄于 2016 年 4 月）

图 7-5 啤酒街上的啤酒元素
（图片来源：作者拍摄于 2016 年 4 月）

　　啤酒街上展示了许多与啤酒文化相关的雕塑，不论是造型各异的啤酒瓶，还是利用 1903 个空啤酒瓶组成的"九"字造型雕塑，都向人们诉说着啤酒街的现代与过往。尤其值得一提的是啤酒街入口处的巨型啤酒彩虹拱门——巨大的绿色啤酒瓶喷射出"啤酒泡沫"到马路对面的啤酒杯中（图 7-6）。尤其是夜晚到来后，"啤酒泡沫柱"上的 LED 灯带会亮起，仿佛啤酒真在流动，生动形象，呈现了青岛的啤酒文化源远流长，同时也似是给远道而来的客人斟酒欢迎。

图 7-6 青岛啤酒街拱门
（图片来源：作者拍摄于 2018 年 3 月）

（2）聚集

调配是异质符号之间的组合语法，聚集是异质符号之间的空间语法，指各种异质多元文化元素在同一语境中碰面、聚集，产生互补、碰撞、对话的交流效果。登州路的啤酒是同质的，它们都有同一起源——"青啤直供"。但登州路的店铺是异质的，它们以不同风格、不同经营理念聚集于登州路这同一空间。之所以是"聚集"，是因为它们的会面是政府主动设计、布阵的结果，而不是自发形成的。"自发形成"意味着基于无数个体经验而自然形成的一个交流空间，依据的是个人身体意象之间的相互选择而不是外部的指令。

如今的登州路啤酒街，有各类门店近百家，其中餐饮类，如啤酒吧、饭店等50多家，以经营最新鲜的青啤和海鲜为主要特色，在旺季时分每天光顾的食客有上万人。这里也成为饮酒爱好者们开怀畅饮的一方乐土。一年四季，特别是夏天，这里俨然变成了一座不夜城，城市生活最鲜活的一面在这里得到充分呈现。啤酒街成为啤酒文化的集聚地——喜爱啤酒的人们纷纷涌到这条街上，欢笑声与碰杯声天天不绝，青岛人对于啤酒生活的热情，外地人对于青岛啤酒文化的向往，海外游客对于中国特色的兴趣，种种眼光都在这里产生了日常化的碰撞、交流与融汇。缤纷的城市色彩涂抹在这条街上，欢动的潮流，芬芳的酒香，沉醉的眼神，引领着时尚与激情的生活风韵。[①] 可以说，这条仅千米有余的啤酒街堪称青岛"永不落幕的啤酒节"（图7-7）。

（a）街头 （b）唐山

图7-7 喝酒的人

（图片来源：作者拍摄于2017年4月）

啤酒街的广阔商业前景和浓郁的啤酒文化氛围吸引了一大批特色餐厅入驻。啤酒街上分布着风格迥然、各具风味的酒吧、酒店，不同特色的餐饮与啤酒文化相得益彰。有啤酒厂官方直营的"青啤之家"和"青岛啤酒博物馆1903餐吧"，也有青岛有名的连锁餐厅"美达尔""王姐烧烤""台北传奇"。既有高档的"国宴厨房"，也有接近地气的"老青岛""百姓厨房"。主打菜品也各不相同，比如主打海鲜的"海蛤蜊""渔港码

① 金志国，巩升起.一杯沧海：品读青岛啤酒博物馆［M］.山东：山东友谊出版社，2008：183.

头""海聚达""宏海阁",鲁菜的"沂水人家""鱼水情大酒店",西餐的"1903客厅",都如星罗棋布般地散落在其中。不同档位、各式菜品,满足了顾客的多样化选择,登州路的名气和人气也随之不断攀升。在青岛,只要一提及这条街,大家似乎都忘却了"登州路"本来的名字,而是不约而同地称为"啤酒街"(图7-8)。

最受大家欢迎的可能还是海鲜餐馆,即使是在西餐厅,也能吃到最具特色的青岛海鲜,可谓文化的交融。

图7-8　啤酒街上的餐馆
（图片来源：作者拍摄于2018年3月）

百年啤酒品质成为发展区域特色产业的一块基石,一种支撑点,一种优势资源,一种文化资本,它所构成的极强的辐射力,正在向四周拓展。啤酒特色街的放大和影响力,进而推动和提升了青岛啤酒的社会品牌价值。据不完全统计,开街仅一年后,每天青啤直供特色街的各种鲜啤、生啤、无标啤都是建立特色街前的20多倍。

三、原浆啤酒和万国啤酒

"青岛直供"的散装啤酒最主要的有两类:生(鲜)啤和原浆。

原浆(图7-9)啤酒比生啤更为原生态,它就是没有经过高温杀菌处理、后期修饰的啤酒发酵原液,是最新鲜、最原始、最接近自酿或现酿的真正啤酒。由于原浆啤酒无过滤,其活性酵母使得啤酒呈现浑浊状,与生(鲜)啤的透亮形成鲜明对比,口感更丰富,香气更浓郁。因而比生啤更加新鲜、口味更加厚重迷人,当然价格也高于生啤八、九倍,属于中高档消费。因此,原浆啤酒相对于生啤,更接近自然据,更具有情景物特征。

图 7-9 原浆啤酒

（图片来源：作者拍摄于 2017 年 4 月）

不同的是，平民化的营口路散啤主要以生啤为主，而登州路散啤主打的却是原浆啤酒，更具风土性。"哈啤酒，吃蛤蜊"，这似乎成了青岛人们的日常生活。啤酒自不必说，论起海鲜，青岛人餐桌上最喜欢的莫过于小海鲜——蛤蜊，其鲜嫩肥美，做法也简单，常见的多为辣炒、原汁。啤酒是登州路啤酒街最吸引人之所在，尤其是原浆啤酒，是青岛啤酒之王，这种未经过滤的啤酒，含有更多的活性酵母，营养更丰富，口味更纯正，香气更浓郁。

登州路散啤还有一个别的街区不具备的特色——它的味道的多变性。

一位经常去啤酒街的老青岛说："之前来朋友的时候，都会带他们去啤酒节逛一圈。但是新鲜感过去之后，他们再来就不愿意去啤酒节了。同时，也是因为啤酒节人太多，再就是每年都固定那么几天，偶尔去一次、新鲜一下还可以，但要年年去、天天去，也有审美疲劳了。"随着啤酒街开街后，现在他把招待地点改在啤酒街上了，"啤酒街什么时候去都行，有时候高兴了偶尔喝到凌晨也是可以的，这是啤酒节所不能比的。很多好朋友都是从内地来的，来这里可以尝尝青岛特色的小海鲜，蛤蜊、扇贝等，都是新鲜的，吃着也过瘾解馋"。最重要的原因是，这里的啤酒种类很丰富，在一个店里就能喝到多种多样的啤酒，基本想喝的也都有。"不管是在家里还是外面酒店吃饭，青岛啤酒我也常喝，基本都喝二厂生产的，偶尔也会尝试一下一厂的新品。感觉每次的味道都差不多，很醇香。而在啤酒街上可以有更多的选择，不仅有常见的扎啤，还有更高级的原浆、黑啤、果啤等，还有许多专供出口的啤酒可以品尝，这个是在别的地方很难买到的。"

目前啤酒街的原浆都是从青啤一厂的生产线直接灌装的，而这也是啤酒街最大的亮点之一。尤其是青岛啤酒博物馆 TSINGTAO1903 旗舰餐吧、青啤之家更是直接将啤酒管线接入餐厅,顾客可以品尝到最原始、最新鲜的啤酒。1903餐吧在白天是啤酒博物馆的终点站——品酒大厅,到了晚上就变成餐厅,菜品既有德国烧烤、香肠,也有本地烧烤海鲜,人们可以在这里喝到各种口味的啤酒。由于青岛啤酒生产的啤酒有很大一部分是出口国外的,尤其是登州路上的青啤一厂,其更是绝大多数供应国外市场,因此无论从产品的品类还是口感都是多式多样的。这些产品有些也会流通到啤酒街上,无论是大众化的拉格,还是精酿的小麦白啤、IPA、世涛,在啤酒街上都会看到它们的存在。即使是同一品类的啤酒,也会根据出口国别对口味、香气、酒精度、苦度等进行调整,这样人们就会有一种疑问"为什么来啤酒街喝的同种酒,每次的味道都不同呢?"而答案就是:人们喝到的啤酒——"今天可能是德国的,明天就又可能是美国的"。这种"万国啤酒"将各种味道聚集至舌尖,给消费者提供不同的风格体验,这得益于"青啤直供":味道直接指向啤酒的起源。

四、问题

登州路给我们展示了青岛啤酒风土化和创新性的两面。

啤酒街未开街之前,基本都是小餐馆接待一些零散的顾客,其中以本地人居多。伴随着啤酒为主题的啤酒街的发展,餐馆的质量越来越好,前来参观及就餐喝酒的人越来越多,啤酒街的人气也变得越来越旺。历史统计数字显示,开街仅仅两年后,这里全年接待的游客就达到了200多万人次,仅仅是啤酒节期间就达到60多万,约占全年的总人数的1/3,啤酒销售200余吨,就连冬天也有顾客冒着严寒来饮酒,着实是"永不落幕的啤酒节"。

目前,根据啤酒特色街区办公室的最新统计数字,啤酒街的客流高峰一般出现在周末以及旅游旺季,啤酒街消费客流一般每天约有5000人次,每天喝掉的啤酒约有1000桶(每桶20千克),而到每年的啤酒街开街时(一般为6~9月),平均每天可以达到2万余人。

但是啤酒街也存在以下问题。

(1)淡旺季分明,消费偏高。啤酒街目前主要的客流来自外地游客。由于青岛属于典型的旅游城市,夏季时游客众多,尤其是在啤酒节举办期间,这段时间几乎每家店面都是人满为患,而到了冬季客人很少。根据笔者的走访,很多商户表示淡季的生意很难做,收入甚至都不够房租水电等成本,实在无力支撑,也就只好关门谢客。并且啤酒街上基本都是主打啤酒特色,到了冬季,散啤过凉不适合大量饮用。这时候的客源基本以本地居民为主,但是啤酒街的消费价格偏高,本地人多选择去其他餐饮业态更丰富、价格更实惠的餐馆。

(2)同质化严重,不正当竞争。啤酒街上的大部分餐馆都是以啤酒特色为主,差异性较小,同质化特别明显。招牌与宣传语几乎都是千篇一律的"海鲜饭店""青啤直供"

等，人们很难根据店面选择就餐地点。同质化也导致了商家之间激烈竞争，甚至很多餐馆为了一时之利存在很多不正当的经营手法，很多游客都抱怨"被宰客"，负面影响很大。

（3）登州路的难题：相对于营口路啤酒街，登州路啤酒街的啤酒馆更多的是针对外地游客，远不及营口路酒馆接地气。营口路啤酒街的难题是如何在守护好市井文化的同时实现市场有序管理，登州路啤酒街的难题是在政府主导、有效管理的基础上，如何像营口路那样接地气，真正成为全天候"永不落幕的啤酒节"。

为了充分弘扬"啤酒文化"及完善城市功能，2018年市北区打造历史记忆示范片区，依托青啤百年老厂，以登州路为中心，全面启动建设市民广场和商务广场，打造高端城市啤酒会客厅。

第二节　民间啤酒街

青岛的啤酒文化不在"绿棒子"而在生啤（鲜啤）。生啤（鲜啤）是简单特殊过滤之后直接从发酵罐里导出来的，没有经过杀菌，酵母菌和微量元素含量较高，味道鲜香，但是保质期比较短，常温下保鲜仅一两天。相对而言，瓶装"绿棒子"或易拉罐的叫熟啤，是指在啤酒罐装前经过灭菌处理的啤酒，这种啤酒保存时间较长。

灭菌有/无、瓶装/散装、熟/生……这些二元对立，使得即使是在工业拉格青啤的内部，也包含了功能物和情景物两种啤酒文化。瓶装的熟啤技术环节多、可长期保存、远距离输送的特点使它作为功能物脱离了对特定环境的依赖而走遍全国、走向全世界；而青岛的生啤显然指向啤酒厂、指向本土的情景物性质，进而塑造了青岛独特的啤酒街区文化，充满了风土性。

一、"青啤直供"的生啤文化圈

围绕青岛啤酒厂方圆几千米内，登州路、营口路、台东六路、洮南路、黄岛路、人民路……甚至辐射到更远一些的浮山后、李村等街头巷尾，形成一个"青啤直供"的生啤文化圈，散布了多如牛毛、市井味儿十足的小小啤酒屋，使青岛各个角落都飘满了啤酒的香气。甚至不夸张地说，随便走到一个地方，举目所及都可见一个个或大或小的门头——上写"某某啤酒屋""某某啤酒馆"，门口都无一例外地放置着一排排的啤酒桶，或新或旧。这就是地道的青岛啤酒屋。据不完全统计，青岛市区内散布着上千家大大小小的啤酒屋，基本每条街上都会有啤酒屋的存在，尤其是在人气比较旺的老小区，甚至一排铺面都是啤酒屋。啤酒屋一般都是卖散啤为主的小饭店，其环境大多数都比较简陋，菜品以花生、毛豆、凉拌黄瓜等下酒菜或烧烤为主，再有就是店家的几道拿手菜，而大部分都是顾客自己去附近的农贸市场买菜，根据自己的口味要求，付一定加工费让老板帮忙负责加工做下酒菜——即来料加工，来料以海鲜为主，蛤蜊、生蚝、扇贝、虾、虾虎、螃蟹等,一年四季基本都是如此。

相较于"富丽堂皇"的登州路啤酒街,虽然这里的条件简陋、菜品也相对单一。但是对于地道的老青岛来说,这里才是他们日常饮酒交流的地方、畅饮的集散地——不大的房间里可能仅有几张桌子、几把凳子,除此之外就没什么设施了。"我们来喝酒,其实倒并不特别在意环境的好坏,只要有个地方坐就行了。要是人多实在坐不下,那就跟别人拼桌,本来互相不认识的人,可能喝上三五个也就熟络起来了。要是碰上投脾气的,喝到最后也就成了朋友。主要还是喜欢这个味,三五好友相聚,酒杯一端,拉拉呱,交交心。"在这些老酒客眼中,什么都可以讲究,但是酒必须要好——门口那一摞摞略显陈旧的啤酒桶就是最好的见证。

过去青岛啤酒屋比较小,一般是只卖酒不卖吃的。如果去喝啤酒的人太多而没有地方坐的时候,人们就干脆站着喝;有些过路的人如果口渴也会停下来买一碗——当时喝酒用的是陶瓷大碗,一碗约有半斤。这也是青岛人所称的"站碗"。之后,随着条件越来越好,"站碗"的人也就越来越少。酒桶换成了不锈钢保温的酒桶,饮具也从最初的大碗变成了罐头瓶、茶缸子,最后演变为现在的专用扎啤杯。塑料袋打啤酒也开始渐渐兴起。啤酒屋也从最初只卖散啤的小店,渐渐变成了既卖酒也卖吃的,还可以烹制小海鲜烧烤、进行来料加工的青岛式餐吧。

由于居民区的聚集及商圈的人气、啤酒屋众多,在青岛市区形成了几个比较大的"民间啤酒街",比如营口路啤酒街、黄岛路啤酒街。这几个啤酒街聚拢的人气丝毫不逊于"登州路啤酒街",也更接地气。据青岛市饭店和烹饪协会负责人介绍,它们的形成都有几个共同点:一是居民居住密度高,具有先天的消费市场,同时周边的商圈的辐射力强,周边商业氛围深厚,带来了更多的人流;二是都毗邻较大的农贸市场,方便顾客购买新鲜的海鲜,营口路啤酒街就是依托营口路农贸市场,黄岛路啤酒街也是在四方路综合集贸市场基础上形成的;三是这里的散啤流通迅速,当天产的酒当天即可喝完,因此散啤新鲜,形成了一个良性循环。

二、营口路:生啤催生的街区文化

啤酒屋是营口路的主力,而啤酒屋最特殊的地方就是这里主要是卖酒的地方,酒的口味是决定啤酒屋生意好坏的主要因素。营口路啤酒街中心区域距离青岛啤酒厂直线距离仅 1.2 千米,极近的距离保证了酒的新鲜。啤酒来自登州路青岛啤酒厂当天出产的青岛散啤。

营口路啤酒街被广大"酒友"称为"最平民的啤酒街""最纯正的啤酒街"。青岛土著更喜欢扎进"民间啤酒街"营口路的聒噪之中,在沿街永不散场的流水席之间,任由味觉自由行走。

营口路啤酒街,位于城市的中心地带,是市北区台东街道最热闹的街道之一,这里的生活场景虽然吵闹纷杂，但却丰富多彩。这些街上，居民众多，商贩云集，当然数量最多的当属啤酒摊和啤酒屋。看似嘈杂的环境，却形成了一幅幅真实的生活画面，让人看来特别亲切。无论是本地人，还是外来的游客，走在这条街上，都能深切感受到烟火气的生活，也能零距离接触到最接地气的市井文化。甚至有人说，青岛的啤酒文化已经渗透到每个青岛人的骨髓里了。

街角文化，一般指城市中"转角可见"的供休闲、餐饮、聊天的市井空间，它体现了城市慢节奏、风土性的一面。而街区文化则是把街角空间串联成一整个街区。这种串联包括两类：一是环境的自然生成，一是人为的规划。前者是理据性的，它的形成来自啤酒、来自居民、来自当地的公共设施条件；后者是动机性的，它的形成来自方案、来自规划，是一种由规划派生出真实的"拟像"。

显然，营口路啤酒街的形成不是因为规划，而是一个民间自发而成的啤酒街区，至今已有近20年历史。虽然名为"营口路啤酒街"，但是也不只有营口路一条街。而是以营口路农贸市场为"中心"向四周辐射蔓延，网罗了周边的台东八路、顺兴路、埕口路、沾化路等10余条街道，附近有2处农贸市场，居民区集中。100多家啤酒屋和烧烤店鳞次栉比，小的20平方米左右，大的有40平方米左右，一般都在门前摆有露天排挡，超过一百平方米的在这里就可以冠以"某某饭店""某某酒店"的称号。大多数都是家庭店——夫妻店、兄弟店、父子店，鲜有大型餐饮连锁店铺。

笔者曾数次去过这个民间啤酒街。每当华灯初上，这里就成了一片热闹的海洋，各条道路上搭满了帐篷，啤酒桌摆满了一条条街道每天晚上沿路摆放出来的桌子有上千张。三五成伙、七八成群的食客们随意地围坐在一起，谈笑声、碰杯声、叫酒声此起彼伏。

"这些人都是来热场的，热闹才刚刚开始，真正的高潮要到晚上10点以后。"家住营口路的一位居民说，他在此处居住20年了，亲眼见证了营口路啤酒街从蹒跚起步到火爆的全过程。如今营口路周边的这片啤酒街已经成了名副其实的"全民啤酒街"，几乎每天晚上要热闹到凌晨两点多钟才能"谢幕"。

三、"调配"：来料加工

本文第六章讨论了"调配"这个概念，指啤酒依语境而变的搭配性质。在"绿棒子"瓶啤那里，啤酒与具体的环境无关，它从属于一个概念分类体系。青岛的散啤，具体说营口路的啤酒馆，与当地的其他环境要素建立了密切的搭配关系，相互之间都是可自由调配的情景物单位。其中最大的搭配单位就是营口路农贸市场，最基本的"调配"手段就是"来料加工"。

提到营口路啤酒街的热闹与繁华，就不得不提及与之密切相关的搭配对象——营口路农贸市场——这是啤酒屋来料加工的食材主要来源。市场内的海鲜的品种繁多并且新鲜,还有各类瓜果蔬菜及肉食等供人们选择。物品价格也与其他农贸市场大致持平,其不仅供应了啤酒街的食客们,也是周边小区居民的购物之所。

营口路农贸市场最初是露天的,十几年前才搬进室内进行运营。市场的南门位于青岛市市北区台东八路16号,距离台东八路和威海路立交桥仅数十米之遥。门口不大,不注意观察很容易就错过了,因为这条路上琳琅满目的都是小摊小铺。虽然农贸市场面积不算特别大,可能十几分钟就能逛一圈,但是里面别有洞天。整个市场被有序地划分为几个区域,刚进门的地方是一些杂货铺、熟食品店,烧肉、面包、各味调味品,再往里走是蔬菜、水果区及肉食区。笔者粗略数了一下,大概有十几个蔬菜摊、五六个肉摊。最里面是水产品海鲜摊位。由于此处的海鲜大都供应啤酒屋的来料加工,所以海鲜摊位也占到整个市场的一半左右,大概有二十几家。

营口路周边的啤酒大排档顺理成章地与农贸市场建立了高语境的搭配关系。笔者走访中看到,就有顾客刚提着刚刚从营口路海鲜市场上买来的四五方便袋螃蟹、海螺、虾虎等海货走进了一家啤酒屋。之所以选择来这儿喝酒,看中的就是物美价廉酒纯菜鲜。"这里的饭店都可以来料加工,自己到市场里买点新鲜海货,给老板点加工费就可以了,比去饭店省不少钱,还能自己选择口味——水煮、清蒸、辣炒。"

"来料加工"成为连接啤酒屋和农贸市场的重要"调配"手段和草根路线。

沿着营口路走了一圈,笔者看到不少食客的桌上都点上了鲍鱼、螃蟹等普通市民眼中的高档菜。"市场里的普通鲍鱼10块钱3个,我买了6个,算上加工费总共30块钱,要是去酒店仅这一道菜起码要200块钱。"一位食客说,自己去登州路啤酒街吃饭,几乎从来不点鲍鱼、螃蟹这样的海鲜,但在这里就可以放开吃了。

光顾市场最多的除了食客之外,还有周围啤酒大排档的老板,他们在市场转悠,看见买海鲜的顾客,就主动推荐自家来料加工的饭店。据一位在这转悠了十来年的啤酒屋老板讲,自家的啤酒屋的地理位置不是很好,客人很难找得到。来料加工的价格跟其他啤酒屋都是一样,贝壳类水煮一份5元,清蒸或者辣炒一份是8元,炖鱼的话一条从15～20元不等。"市场里的海鲜种类多还新鲜,买完直接去啤酒屋加工,不仅自己放心,并且吃的既好又便宜。"

"来料加工"作为一种高语境的调配手段,不仅激活了散啤酒的消费,反过来也进一步繁荣了营口路农贸市场尤其是海鲜摊位。

青岛的海鲜市场一般都是早市开门,营口路农贸市场则不同——它在傍晚时分最热闹。下午五点以后,居民、食客们陆陆续续进来了,随着晚餐时间的到来,人也越来越多,即使到了晚上九十点钟,市场内仍有人光顾挑选海鲜食材。虽然每个海鲜摊位的面积不大,但是所卖的海鲜琳琅满目、品类很全,比一般自由市场多得多,其中很大一部分是为了酒客准备的。养殖的、野生的,鲜活的、冷冻的,鱼虾、贝壳类,让人眼花缭乱,颇有一种"刘姥姥进大观园"的感觉。光笔者能叫上名的就有:蛤蜊(青岛人念

"嘎啦")、毛蛤蜊、蛏子、扇贝、牡蛎(青岛叫作海蛎子、生蚝)、海虹、各种海螺(小海螺、大海螺、香螺、辣螺、泥螺)、章鱼(青岛叫作八带、八爪鱼)——这些都是贝,石斑、鲅鱼、黄鱼、鲜虾、虾虎、小杂鱼、鲅鱼也是一应俱全、应有尽有。还有很多见所未见、闻所未闻的,当真是"海鲜的世界",啤酒街的红火与这里的食材有很大的关系。

海蛎子、扇贝、蛤蜊基本均价 15 元两斤左右(也看个头大小),跟其他的市场的价格相差不多。在外地售价比较昂贵的海参、鲍鱼、大龙虾、海捕大螃蟹在这里的价格也很亲民,对鲍鱼而言,个头大一些的 10～20 元一个,最小的可能 10 元 5～6 个。笔者看到很多招牌上写着"红岛蛤蜊""会场螃蟹""灵山岛石夹红",一问摊主才知道原来青岛人吃海鲜还有一个特点——喜欢吃本地海鲜,比如螃蟹一定要吃本地的海捕梭子蟹、石夹红,虾要是小蛎虾,蛤喇一定要选红岛蛤蜊。"红岛蛤蜊个小、皮薄,不管是原汁还是辣炒,都比那些个头大的要鲜。"

四、退路进室:尴尬的啤酒街区文化

一个城市的风土性不仅来自自然风光,更来自它的市井文化,其中发达的街区、街角文化是市民公共空间的重要载体。

但是,由于商住混杂、房屋陈旧狭小,区域内百余家啤酒屋餐饮业户多依靠占路支篷摆桌为生,占路经营、油烟噪声等问题给周边居民带来不便。尤其是到了夏天和旅游旺季,"老旧差"几乎是营口路啤酒街的另一个代名词。2017 年 5 月开始,市北区台东街道开展整治活动,关停取缔了大名路夜市, 150 余家啤酒屋餐饮业户全部退回店内经营。"2017 年 6 月,综合执法人员对辖区啤酒屋街区再次实行地毯式清理。多个部门组成的联合整治办公室,集中力量整治油烟扰民、噪声扰民、占路经营、垃圾乱倒等不良行为。餐饮业户每晚 6 时至 10 时实行潮汐式管理,在不影响行人通行和无扰民的前提下,允许使用盲道以内区域经营,同时对不诚信经营商户进行曝光。"

如何在保持风土性与有序而文明的公共空间之间寻找平衡?这是民间啤酒街文化留给我们长期思考的问题。

第三节　五哥散啤酒馆

"青岛人一大怪,啤酒装进塑料袋"成为无数青岛市民用以介绍自己家乡的开场白。大部分青岛人认为,相比于瓶装的"大绿棒子",当地新鲜的"散啤"才最为"地道"。喝"散啤"的行为并不因散啤价低而有失身份,相反地成为地方性知识里"懂酒""会喝"的象征,受到认可和鼓励。

青岛牌啤酒通常简称为"青啤",一个品牌往往有了足够的"流量"和长期的历史积淀,人们才会使用它的简称。但青岛本地人戏称它"绿棒子",当然指的是瓶装的青啤。拉格系的绿棒子由于口味清淡,可不拘场合限制地畅饮、斗酒,因此本身带有非常

强的情绪性和话题性,尤其在"哈大了"(青岛方言"喝多了"的意思)的时候。但是,被青岛人更为认可的不是绿棒子而是散装啤酒(简称"散啤"),后者代表着青啤风土性的一极。为什么这样说?散啤是自带体系的:它能触发出本地人一连串的只属于这个地方的共同记忆和情思。这就是风土性和情景物的概念:物品所凝结的人与他的环境之间的亲密关系而由此产生的独一无二性。风土性,包括自然、习俗等环境要素。青岛的崂山茶具有豌豆香味,南方的茶则回味感更强,这些味道的风土性是由其自然地理条件决定的;而北方的大碗茶和南方的小碗茶所呈现的风土性,则更多的带有习俗的特征。实际上风土性的两个方面——自然条件和人文习俗是相辅相成、难分难舍的。

下面关于五哥酒馆的人类学叙事,就是一些关于青岛散啤风土性的故事。青岛啤酒厂、散啤、五哥、酒馆、菠萝杯、塑料袋……这些在概念分类上难以搭界的事物,被"五哥酒馆"这个本土化的空间组织在一起,它们叙述着关于青岛人自己的故事,"五哥酒馆"成为一个充满青岛风土性的文化符号。

一、青啤直供

在离登州路的青岛啤酒厂所在地几千米远的一个交叉路口,有一个五哥散啤酒馆,成为笔者的田野点之一。这个小酒馆见证了每个来喝酒人的成长,虽然其标准够不上阳春白雪,但这是反映普通老百姓日常生活最好的见证地,它见证了人们生活的变化和社会的变迁,可以说是一个浓缩的"小社会"。五哥酒馆面积在 20 平方米左右,仅能放下四五张桌子、十几把凳子,来的人拼桌而坐。酒馆室内人满之时,新来的酒客便站在酒桶旁边喝边聊天,青岛人将这种喝法叫"站碗"——20 世纪七八十年代青岛的小酒馆里喝酒常用一种蓝边的大碗,小马扎不够坐时就干脆站在门口喝,因此就流传下来了这种叫法。"去哈个站碗"就是说去小酒馆(啤酒屋)喝酒的意思。

五哥小酒馆没有任何招牌,曾经的招牌在城市清理过程被摘除了,也就一直空着至今。现在只是偶尔会在门口的马路边上摆出一个印有"青啤直供"的临时牌子。虽然没有醒目的广告招牌,但位置却好找——不到一米宽的门前摆满十来只摞起来的啤酒桶。即使找不到,临街找人一问,大多能指出酒馆的具体位置——颇有一番"借问酒家何处有? 牧童遥指杏花村"的感觉。小酒馆其貌不扬,却开了 22 年(截至 2017 年底)仍门庭若市,被酒友戏称为"五哥大酒店"。在熟人社会,酒香不怕巷子深,人们关注的是口碑而不是店铺的视觉识别,所以,五哥酒馆就干脆"素颜"面市了。

"青啤直供"这是五哥散啤馆也是无数个青岛散啤馆的最大本土特征。小酒馆在地理上链接了与自身密切相关的另一空间——青啤厂。这里距青岛啤酒厂仅几千米,新鲜的散啤酒被源源不断地送来。五哥说,除了春节等大节日,酒馆一年基本不歇业。普通的 40 斤装啤酒桶,夏天最多的时候一天可以卖 40 多个;即使在啤酒销售淡季的冬天,每天也能卖七八个。一年下来,至少能卖 6000 桶啤酒。五哥的"青啤直供"散啤作为一个索引符号,链接了同一个地域的两个空间:酒厂和酒馆,使得散啤保持了与它的产地即刻性关联的新鲜性。散啤直接从啤酒生产厂运输到销售终端,啤酒的凉爽、新鲜度得到了极大保障,生产成本也能随之下降。青岛人爱喝散啤,就是喝的劲爽、新鲜、价廉,这都是除了青岛在哪都享受不到的特权。"青啤直供"的散啤成了本地人自我认同的符号。

散啤其实是生啤,也是跟通常喝的瓶装啤酒相对立的一种。大部分瓶装啤酒实际是"熟啤",即其酒液经过了巴氏杀菌或瞬时高温灭菌,保存时间较长;而生啤酒是没有经过巴氏杀菌或瞬时高温灭菌,一般都是用大的不锈钢桶罐装,视是否进行酵母过滤又可以分为原浆(不过滤酵母)和普通散啤(过滤酵母)。市场上最多的是普通散啤。由于散啤、原浆等生啤酒都不进行巴氏杀菌,所以口感、风味要比瓶装酒好,但是保质期比较短,一般生产出来 3-5 天内就需要喝掉,否则容易氧化变质。

二、菠萝杯

一般人平时去啤酒屋的时候,常常都是一边喝酒一边吃饭,但是也有一种人是单纯冲着酒来的,没有佐餐,只是喝酒。

真正的"酒仙"是不需要伴酒物的。"这些菠萝杯是来我这喝酒的酒友们个人专属的杯子,谁想要就自己做个记号,我这里用得最久的一个杯子已经十几年了——刚开业的时候他就来喝酒了,一直喝到现在。"五哥指着那一排独具特色的酒杯道,"这个是某某的,他是我这里年纪最大的;那个最能喝了,不过他也好久没来了,好像又出远海了;那个是旁边大学的教授,这里的人都喜欢他,他一来大家就都围坐着他,让他讲课。"仿佛那不是酒杯,而是五哥的老伙计们,"见杯如见人"。在这里,每一个酒杯都有一段故事,菠萝杯已经不再仅仅是用以单纯喝酒的工具。"在小酒馆,最开始的时候,喝酒都是用罐头瓶子,就是各种水果罐头的瓶子,因为口大,特别适合装酒。人们把罐头吃完之后的瓶子留下来,甚至专门有人收瓶子用来装酒,大部分的瓶子是一斤的,这样既方便打酒也好称重。中间还用过各式各样的大碗、陶瓷缸子等工具,最后演变成现在一直在用的菠萝杯。我这个店里有很多都是常客,他们来之后就在杯子上标记上他们自己的记号,这样既卫生又有象征性。现在个人记号的杯子有二三十个了。这个就是他们的专用酒杯,也是他们的名字了。"

五哥酒馆的常客里,既有穷也有富,上至花甲老人,下至刚工作的青年、大学生,老板、教授、老职工、厨师、环卫工、海员……形形色色,但大部分人都不是行色匆匆,而是很惬意地围坐在一起。外界飞速发展的社会似乎没影响到小酒馆——这里就是一个"世外桃源"。"人们工作累了、下班后都愿意来坐坐,拿起自己的专属酒杯,倒一杯酒,或跟老友聊聊天,或独自喝一杯,或聊聊国际国家大事—哪个国家又不太平了(老旧的电视最常播放节目的就是中央台新闻频道)、我们国家又发射了一颗卫星,或说说自己的近况、排解一下郁闷与压力。这里没有尔虞我诈,也没有升职加薪,图的就是一个乐呵",小酒馆的主人——人称五哥的颜大爷,跟笔者这样说道,"来我这喝酒的人,有很多是从我刚开始开这个酒馆的时候就来了,年纪最大的都70多了,这转眼之间也都20多年了,都处成朋友、老伙计了。"

和菠萝杯相比较,绿棒子常常从属于饭桌体系,它进了酒店、上了宴席,充当了饭桌体系的要素之一,成为一个佐餐、助兴的功能单位。而菠萝杯里的散啤是自带体系的,有自己的风土性:它无须佐餐反而要求有自己的伴酒物,青岛人喜欢用海鲜伴散啤。但是,啤酒屋里使用有个人记号菠萝杯的,都是真正的"酒仙",他们甚至无需伴酒物,他们自带"另一种体系"、另一种风土性空间:新鲜爽口的啤酒所激发的快感、话题和彼此的认同。菠萝杯凝集了一个地方感和风土性浓郁的文化空间,一个充满市井味的交流场所。

三、五哥

"出去一说自己是青岛人,他们第一反应是,青岛人喝啤酒是不是跟喝水一样?我说,也不是青岛人每个都能喝,青岛人喝啤酒是一种生活习惯,就和成都人喜欢喝茶一样,啤酒是我们生活的一部分。""我今年64,家里排行老五,95年一开始开了个小卖部,慢慢就开成小酒馆了。每天九点酒厂来送酒,根据头一天卖酒的量,晴天多进两桶,天不好少进两桶。每天基本不剩酒。散啤酒是当天生产的新鲜啤酒,零度灌装到啤酒桶里,它本身的大麦芽香味特别浓,青岛人就喜欢这个味儿。在青岛,1903年就有啤酒厂了,好几代人都喝啤酒。我小的时候就给我姥爷打啤酒。18岁参加工作,工资26块钱,当时一瓶啤酒五、六毛钱,根本喝不起,并且还得办粮证、酒票。过年的时候,一个证才能买四瓶啤酒。那个时候散啤不用粮证,没有什么计划,老百姓都排着队到国营饭店去买。往家里打酒,过去还不是塑料袋,用暖瓶、端个锅,后来到了八几年,开始用塑料袋打酒,一直延续到现在。啤酒装进塑料袋,也是青岛一大怪。每天下午下班以后,最忙的时候人们都排着队打酒,最多的时候一天能卖到四十桶。冬天少一点,一天最少也得七八桶。四十斤一个桶,一年下来六千来个桶。"[①]

据五哥讲述,这个小酒馆承载了他从中年到如今的所有生活的希冀。1995年,那时不惑之年的五哥"赶时髦就下海了",从物资局的建材公司辞职,干起了小卖部,兼带着卖酒,到现在逐渐变成了专卖青岛散啤的"小酒馆"——一晃二十多年了。"每天早上大概9点钟左右,酒厂的供货人员就会来送酒了。根据前一天卖酒的量以及天气情况,晴天会适当多进几桶,阴天下雨等天气不好的时候就少几桶,一天基本不剩酒。这时候如果开的桶里还有剩的酒呢,就打出来给周边的邻居、小摊小贩分分,为什么这么

---

① 根据作者访谈资料整理。

多人愿意到这里来,酒品就是看人品,咱绝对不卖隔夜的酒。"①

笔者注意到,小酒馆的墙上贴着很多五哥从年轻到现在的不同时期与酒客的合影,其中有一张老照片特别引起了笔者的注意——在照片里,当年还明显年轻的五哥招呼着五位坐在马扎上喝啤酒的德国人。"除了德国人,我们这儿还来过美国、俄罗斯、荷兰、印度、巴基斯坦等天南海北的国际友人。"

而干到现在,开酒馆已不为利也不为益,只为这"情怀"两字。地方一直都没变,20 多年一直都在这里。

"20 世纪 90 年代,那个时候啤酒屋青岛少说也有几千家,正宗的小酒馆只卖酒不卖菜。2000 年以后,光卖酒就挣不出来钱了,慢慢就变成饭店的形式了,但是我这个酒馆卖酒就是卖酒,只卖青啤。如果什么都卖,喝啤酒的就不来了。就这么一个小屋,原来什么样,现在还什么样。"这也是与登州路啤酒街、营口路啤酒街等最显著的差异。"卖散啤酒,一杯两块五,坐在一块,喝杯啤酒聊聊天,这才是真正的生活,老百姓的生活。""乐呵了陪老酒友们坐下喝一杯,聊聊过去、聊聊回忆;不乐呵了,看每天下午两点准时有这一帮老伙计出现,一杯扎啤下肚,心里也自然少了很多不痛快,这一天天过去,小酒馆成了最不舍的东西。"

来这喝酒的人一般都是周边的居民,这些人把喝啤酒当成了日常生活的一部分,有事没事总要来喝几个,吃完饭下楼遛弯的时候,下班顺路经过的时候,口渴的时候,都要来喝几杯啤酒,好像只有这样一天才算圆满。本地人仿佛将小酒馆当成了"下午茶"的据点,或小口轻抿或大口咕咚,国家大事、家长里短,都是青岛人最常态的下午时光。而小酒馆,也成了青岛人消磨时光最爱的场所。"喝啤酒成了一种生活习惯,就跟成都人喜欢喝茶一样,啤酒是我们生活中的一部分。"通过田野调查,笔者看到了五哥的"情",这种情是源自酒馆的环境、是关于啤酒的历史感,这种情是人情味的、是百姓的、是他曾经亲行亲尝,难以忘怀的。那些过往的种种回忆、那些逝去的种种经历,都让来到这里的人们对啤酒有了更深层的感受,啤酒不再只是啤酒,饮食才是充满情的载体——原来饮食就是生命,品尝饮馔就是在体会人生、接触生命。散啤里倾注了五哥的"情怀",洋溢着五哥的那种山东人传统的观念。这正是青岛的散啤中所散发出的风土性的味道。这种个性化的情怀和义利观,在同质化、离境化的"绿棒子"那里很难找到。

四、塑料袋

用塑料袋装啤酒,充满了青岛本土风情。

五哥酒馆旁边就是一个农贸市场,笔者在田野时发现,很多居民拎着刚买的菜来打酒带回家。"五哥,打五斤""大爷,来十块钱的"……五哥熟练地拿起一个带有"青岛

① 根据作者访谈资料整理。

啤酒"标识的塑料袋,将塑料袋挂在啤酒桶水龙头上的弹簧秤上,打开开关啤酒便流入塑料袋中了,当指针到了顾客要的重量时,把开关一关,一次打酒就完成了。买家就可以拎着塑料袋回家去享受。"一个塑料袋,两斤当日鲜"是青岛人停不下来的生活节奏。

看着简单也很"好玩",笔者尝试打过酒,但是总会打出一袋子泡沫,清澈的啤酒只有袋底的一点。看着简单做起来却不容易,当笔者问起"手起袋满"有什么诀窍的时候,大爷笑道,"哪有什么技巧,让你卖上 20 年酒,保管你也能这样。"所谓"我亦无他,唯手熟耳"。有时候五哥忙不过来的时候,酒客也可以自己打酒——酒杯轻微倾斜,让酒顺着杯壁而下,快满时再将杯子正起来,正好满满一杯,顶上还溢着一层泡沫。

甚至还有很多小孩子跑着来买酒:"爷爷,我要打酒。""你看都跑出汗来了,准保家里的酒喝完了"……原来他家正在招待客人,而酒却没了,于是大人就吩咐小孩子下来买酒——很多青岛本地的年轻人基本都有这样的一种经历,这也是很多人的童年回忆:"想起了小时候帮着我姥爷、爷爷去街头打酒,路上还不忘偷喝两口。""那时候上小学的时候家长不让喝酒,夏天放学回家,非得跟大人们抢两口喝。"

散啤塑料袋,是"青岛直供"的进一步延伸。即刻性的新鲜感,是散啤的独一无二的自然风土性。为了维持这种新鲜感,于是有了"青岛直供"的犹如满天星斗的小酒馆,于是有了"两斤当日鲜"的塑料袋。塑料袋是青岛啤酒联结千家万户的独特的输送工具,它指向了一个更为广阔的本土性生活空间。

孟华曾在《"香"与"鲜"——中西饮食不同的设计理念》一文中将"香"和"鲜"作为一组对比想进行了分析,文章指出,"猪肉的'香'代表了一种熟食性饮食文化,海产品的'鲜'代表了一种生食性饮食文化。生食性作为一种饮食选择方式,并不仅限于海产品,只不过海洋饮食是最典型地代表了一种生食文化。生食文化的含义是,以食品的新鲜感、天然营养的保持即原汁原味为价值取向的群体性饮食行为。"[1] "强调'鲜'就是强调本色。鲜文化中生食性、透义性和营养性,实际上反映了以事物自身为认同坐标的客体意识;其交流性则反映了人际间的个性独立和平等对话关系。而'香'文化中的熟食性、隐喻性和美食性反映了以人的技能、动机为认同坐标的主体意识;其独白性则反映了人际间追求中庸、和谐及群体精神。因此,'香'与'鲜'的对立也具有人类文化学意义。"[2]

好多外地人也慕名来到五哥酒馆打卡,只为了坐在酒馆门前的小板凳上来杯正宗的青岛散啤,尝一口小酒馆独有的味道、感受一下老店的情怀,或者专门来体验一下"塑料袋打啤酒"这一青岛特色。当笔者问起他们的来由时,大多是用"正宗、传统、历史、情怀"等诸如此类的词语来传递他们的感受。的确,高速现代化的时代背景下,熟

① 孟华."香"与"鲜"——中西饮食不同的设计理念 [J].商业研究,2001(03):176-179.

② 孟华."香"与"鲜"——中西饮食不同的设计理念 [J].商业研究,2001(03):176-179.

人环境渐渐变成一个陌生社会,人们渴望一种慢生活,一种充满友谊、回味、惬意、悠闲的慢生活。

受访者多半表示啤酒是很好的助兴饮料,饮用时能放松心情、健谈,当与家人和朋友一起喝酒的时候,感情更能共鸣,如同受访者所言:"酒后似乎情绪会比较放松,比较能聊天"。啤酒带来这种放松的功能,在受访者日常繁忙的生活中显得特别重要。

虽然很多城市也有啤酒的生产与消费,但是像青岛这样,啤酒与城市结合这么紧密的,还是值得我们去深入思考、研究的。啤酒从一个带有明显的西方经济色彩的舶来品,变成了青岛老百姓餐桌上的日常饮品,也变成了青岛的一张名片、另一种象征符号。但是,真正使啤酒和青岛百姓生活紧密联结的,还是像五哥酒馆一样的小酒馆、啤酒屋中的塑料袋散啤。

小 结

在前文对物语进行元语言写作(关于物的理论研究)和文本化或词语化写作(文献条件下的物的研究)的基础上,本章主要采用在场性写作方式,来书写作为物语的青岛啤酒,即"田野叙事",具体说是"先物后名"的物语叙事:面对一个在场物,通过我们的笔,让物自我言说。通过对青岛啤酒的在场性考察,把青岛啤酒看作是一个情景物符号,重点观察青岛啤酒通过何种符号化方式传达了人类学的物质文化信息的。

本文导论中讨论了物语的统一性特征:物语"外部关联、内部隐含了词与物的关系方式"。作为物语的青岛啤酒,它外部关联了词与物的关系方式,主要是指,作为工业啤酒代表的青岛啤酒,它与新近兴起的小众化、个性化的精酿啤酒进行外部对比,就会发现青岛啤酒更具有功能物、先名后物的符号化特征;而精酿啤酒(见第八章)则更具有情景物、先物后名的特征。

内部关联指工业性的、功能性的青岛啤酒内部又可再进一步分析出功能物和情景物二元互动关系。第七章主要从内部关联的角度,描述了青岛啤酒自身所包含的功能物和情境物两种元素及其互动关系。相对而言,青岛的瓶装啤酒是去语境化的功能物,散装啤酒与本土文化密切关联是高语境情景物。本章就是在瓶啤和散啤、功能物和情景物二元对比关系的映衬中,凸显散啤的情景物性质。同时,在散啤内部,又存在官方啤酒街和民间啤酒街、创新性和风土性等等复杂的二元关系。

第八章

青岛的精酿店

如果说第七章青岛的啤酒街文化主要是作为一个理据性情景物被描述的,那么青岛的精酿啤酒馆则是作为一个创新性、动机性情景物来观察的。

第一节　精酿瓶子店的老板们

酒品即人品。在淡水拉格啤酒那里,人们品尝到的是近似千篇一律的工业味道,精神丰富性所创造出的丰富口感消失了。精酿啤酒的风土、创新精神就是要把啤酒从工业化的饮品变成个性化的"人品"。精酿的"人品"首先取决于酿酒人。对此,笔者对青岛的部分精酿人及其酒馆做了访谈。

一、小李堂

李彦是青岛地区第一批开精酿啤酒吧的人,也是强麦酿酒师 John 的合伙人,是青岛最早一批的行业开拓者。

(一)精酿应该是一个行为,生活也可以是精酿的

精酿人有一个特点,喜欢自己定义啤酒。这可能是精酿的创新品性所决定的吧:任何精酿啤酒产品,一定深深带有酿造者的定义动机。访谈中,李彦谈到对精酿的看法:

"作为一个青岛人,我对青啤是非常喜欢的……(但是)青岛啤酒在青岛根深蒂固太厉害,是给每个人植入心里的那个东西太深了。其实挺难的,难在这个地方。所以,青岛现在精酿发展的不是很好,不像北京上海,因为这些城市更多元化,不存在像青岛这种单一啤酒厂统一市场的现象。"①

李彦实际上暗示出"植入心里的那个东西",就是青岛人的集体性口味偏好,把以青啤为代表的工业拉格啤酒等于啤酒本身。要想用精酿啤酒改变"植入心里"的这个

---

① 根据作者访谈资料整理。

偏好,在青岛会遇到更大阻力。李彦敏锐地感受到精酿实际上是一场啤酒文化革命。

　　但是,李彦反对绝对化的啤酒分类:"如果一定要分别出工业啤酒和精酿啤酒的区别,我认为就是不同类的酒。不是哪个好哪个不好,没有绝对。精酿啤酒的英文叫craft beer。craft 是'精致的手工'的意思。慢慢地,大家发现这个说法挺好听的,于是所有的人都开始叫精酿。但是很多人认为,大厂生产的啤酒都不能叫精酿,都叫工业,我们自己做的叫精酿,我觉得不是这样。因为我去过青啤厂、燕京厂,到了工厂去看,我觉得那才叫精酿。所有的生产都是利用电脑在进行控制严格,产品非常标准。而我们做的时候,第一批酒是这个样子,哪怕数据是一样的,然而到了第二批可能就变味了,但是还找不到原因。这个东西怎么说呢,也可以说这是一种魅力。但我认为,大厂做的才叫精酿,因为品控太精准了。比如一克啤酒花,青啤对它的萃取度要比我们的萃取度高得多。""经常有客人冲进店里看着满墙的啤酒说,这个这个这个我都不要,我要喝精酿!精酿到底是个啥?其实精酿这个词很早以前就有了,用在醋、酱油、白酒、黄酒等。在我看来,精酿应该是一个行为,不是啤酒的种类也不是啤酒的代名词。生活也可以是精酿的。"[①]

　　精酿应该是一个行为,生活也可以是精酿的,显然,李彦把"精酿"看作是一种追求"精致"的精神行为而非单纯的生产活动。这是一种广义的"精酿"概念,把任何"精酿"而成的事件、事物都看作是人的这种精神的投射或符号载体。

(二)创办精酿啤酒馆"小李堂"

　　"小李堂"精酿啤酒馆(图 8-1)的名字取自于李彦本人的姓氏,是他在 2010 年 4 月创建的。作为青岛第一批精酿人之一,他是"精酿"精神的践行者。后来他结识了把美国的精酿火种带到青岛的美国人江河。当时,江河正骑着自行车拉着自己酿造的啤酒在青岛到处寻找酒吧来推销自己的啤酒。二人因精酿啤酒结识,又因都觉得做啤酒是个"好玩儿"的事情而成为朋友。江河和李彦做精酿时,多少有些垦荒的意思:很多青岛人长期以来对于啤酒的认知仅限于青岛、雪花,或者能说一句:"德国啤酒很不错。"2013 年,李彦成为江河实现品牌理想的同行者,两人合作共同做出了一款精酿,命名为"滋酿"。"滋儿",在青岛话中形容"特别滋润、得意"的状态,"滋酿"的命名也取这层含义,意味着让人放松、惬意、好喝的啤酒。在他们的共同理解里,只有舌尖尝过苦,方知"滋儿"为何物。所以他们的第一款产品——"崂道 IPA"(一款 7.4% 酒精度的标准美式 IPA),便使用了两种酒花 Simcoe 和 Mosaic,清爽之中带着丝丝苦味。

[①]　根据作者与李彦的访谈整理,访谈时间为 2018 年 2 月。

图 8-1　小李堂

（图片来源：作者拍摄于 2016 年 5 月）

　　"滋儿"（图 8-2）这款精酿显然更多的是一个文化产品而非单纯的饮品：赋予"特别滋润、得意"的人的动机，对酒花的创造性"调配"，"清爽之中带着丝丝苦味"的厚重味道的"聚集"，体现了精酿文化"让人放松、惬意、好喝"的慢生活宗旨。

图 8-2　小李堂的精酿产品——"滋儿"

（图片来源：作者拍摄于 2016 年 5 月）

（三）瓶子店还是自酿店？

精酿啤酒馆有两大类：瓶子店和自酿店。当然这是绝对的区分，其实很多店是兼顾瓶子和自酿二者的。相对而言瓶子店模式比较简单易行，提供一个经营空间做世界各种精啤酒的"聚集"地，供爱好者选择品尝。正是这个各种品味的聚集地，使地方性变成了世界性，在一个高语境空间里尝遍全世界。典型的自酿啤酒店一般是前店后厂，提供现酿现尝的散啤，但种类受限。

最多的时候，小李堂的 12 个酒头可以打出 12 款不同的精酿散啤酒。小李堂并不自酿，也不提供饭菜，只是经营瓶啤和其他酿酒商提供的散啤。散啤指向本土性，瓶子店指向世界性。但瓶子店似乎是小李堂的主业，这些来自世界各地的瓶啤自成体系，"聚集"成一个精酿文化语境。

李彦谈到，他刚开店的时候喝各种精酿，总是拿这个酒和青啤做比较，"这个"比青啤好喝，"那个"不如青啤好喝。青啤仍是酒品比较的标杆。时间长了以后才逐渐了解瓶子店的精酿文化内涵：精酿啤酒是没有可比性的，人们没注意到啤酒丰富差异，是因为没有机会去品尝它、去了解它而已。来店里喝精酿，就是在寻找差异。

但是李彦很快又似乎推翻了他的"差异"观："喝什么无所谓，主要看你跟谁一起喝，你喝的是个什么状态的然后之后才是说，我们在一起聊一聊我们喝的是什么。"[1]其实，李彦这里只是转向了精酿啤酒的另一品质：话题性、交流性。精酿本身就是私语性的语言发射器，不是我们说它，而是它在说我们。这正是精酿进入我们慢节奏的精神世界的奥妙。这里涉及一个更深刻的精神差异，人们靠买醉发射语言呢还是靠品味发射语言？买醉，就是仅仅把啤酒当作一个酒精麻醉物；品味，则是啤酒本身参与了话题的建构。前者是拉格啤酒文化（功能物），后者是艾尔啤酒文化（情景物）。精酿消费者不喜欢斗酒，更倾向于细品慢尝。如何处理人和酒的关系，是精酿文化的重要内容。啤酒中隐含着两种词与物、人和啤酒的关系，一是物名关系，一个是名物关系：味道产生了话题，还是词语左右了味道。在工业性拉格啤酒那里，味道不参与话题的建构，味道仅仅是一个伴随物或刺激物，是话题的一个载体。但在精酿这里，味道本身就是话题。味道负载着一些美学特征、想象力、个性化的品质，负载着文化多元化的一些关联物，这些广泛的话题性是由味道自身丰富立体的、多层次的系统所建构的。它以更为积极的姿态参与了话题的架构。

二、酒引

"酒引"精酿啤酒馆是一个瓶子店。地址位于青岛市市北区乐清路 3 号 103，店面不大，充满怀旧风格。老板昆是"90后"，临床医学专业，在青医附院工作，开店纯粹是因为对精酿的兴趣。他原来是"小李堂"的常客，因为非常喜欢喝精酿啤酒，2015 年，

---

[1] 根据访谈资料整理。

他与朋友合伙开了这家小店，以售卖世界各地进口的瓶装精酿"尖货"为主，售价从40元到300元不等。店里的酒头打出来的自酿啤酒只有一款，即从江河"强麦商行"酿制的各种精酿啤酒中挑选出一款顾客认知度较高的啤酒。

（一）全世界的好酒都能喝到

当问到为什么选择瓶子店而不是自酿店的时候，老板昆说："现在物流这么发达，全世界的好酒都能喝到，而自己酿的有时候还不太好喝，不太稳定。我进口的酒首先都会自己喝一遍，我觉得真正好喝的才会进。"这是后现代"调配"和"聚集"的真实体现：要素的自由调配和聚集高于要素的生产。瓶子店的理念是调配和聚集。这一点它比自酿店贯彻得更彻底。啤酒自酿店更倾向于风土性。

相比于自酿店，瓶子店更具有功能化、模式化的特点，它脱离了当下性和即刻性，脱离了自酿过程当中的即刻性关联，但它又保留了精酿啤酒的多元性，味道的多样性与丰富性。在精酿啤酒系统内部，瓶子店精酿更接近功能物的特点。它又和自酿性质的精酿店一同，与工业啤酒形成二元对立。

（二）品味人生

来店的顾客大多是开店三年来积攒下来的熟客，消费群体的年龄多在30～40岁，喜欢喝啤酒并愿意接受新鲜事物。这些人会不断带新的朋友来，很多客人因为喜欢并认同精酿啤酒的味道和精神而成为朋友。

"酒引"不提供餐食，但会提供一些简单的花生小食，来店顾客多以纯饮啤酒为主。据了解，周一到周六每晚7点"酒引"开始营业，周日休店。来店里上班的老板和吧员全都是兼职，大家各有各的本职工作，因为爱好精酿啤酒而一直在下班后晚上来这个店中打理，纯粹为了赚钱的话是无法坚持三年的。"我们都有工作，没有经济压力，不以营利为最高目的，选酒的时候我想喝什么就进什么。没有经济压力的人做精酿就很自由，如果要是仅以这个为生，我也要注意赚钱。"[1]开这个瓶子店虽然在经济上没给昆带来明显的利益，但却是他生活中最重要的一部分。昆在赚钱和品味生活之间显然更倾向于后者，这是每个纯粹精酿人的共同品质，精酿的创造性、动机性，让每个喜欢它的人找到了自我、释放和表达了自我。笔者顺便访谈了一位"酒引"的常客，他从2016年开始接触精酿，第一次喝是在中联的"小李堂"。"精酿口感更醇厚，麦芽度也高，所以更好喝。"因为工作原因，压力较大，下班闲暇之余，喜欢和一两个朋友来精酿酒馆里坐坐。每个人的口味不同，有些人喜欢IPA，有些人喜欢帝国世涛，一般去酒吧碰到新品种，我都会尝尝。现在我每次来这里必喝的一定有IPA，我喜欢多倍酒花带来的香气和苦度。

多样的味道和多样的名称的自由选择，这是精酿作为文化产品的重要属性。精酿啤酒是一个情景物符号，多元化的品牌、啤酒在同一个语境当中聚集，在同一个空间、

---

① 根据访谈资料整理。

场所、语境当中聚集,供消费者进行个性化选择,这体现了精酿啤酒的情景物、个性化、多元性的特点。

(三)"精酿啤酒的原料更真,味道更丰富"

"精酿啤酒的原料更真,味道更丰富"这可能是精酿的精神属性的物质原因。精酿的创造性、动机性深深植根于它的物质生产方式即理据性。昆说,与工业啤酒相比,精酿啤酒的原料更真一些,全部采用麦芽,不会为了降低成本用玉米大米替代一部分麦芽。此外,味道更丰富,因为有时也会添加葡萄、西柚、橙子等水果,使其具有各种各样的味道,创意更足。材料都用好的,价格也一定会高一些。精酿啤酒在中国很多城市做得都不错,青岛地区要差一点。无论是对消费者还是酿造者来说,精酿文化都需要时间慢慢发展。"我爸爸快 60 岁了,他也喝精酿,有时候跟我说,你把什么什么牌的啤酒给我买一箱回来。他接触精酿以前喝的都是青岛啤酒,但现在会主动跟我说,你帮我买一箱精酿啤酒。"昆的顾客告诉笔者,"喝精酿需要一口小酌后仔细体会味蕾上的细微变化,喝啤酒也成为一种享受。在上千种精酿啤酒中选择到适合自己的一种精酿,是一种生活方式的体现。几个小友,聊天喝个精酿,是一种放松自在的生活享受。"笔者忽然领悟到,精神的丰富性植根于物质的多样性,正是精酿味道的原真、多样,使不同的人在不同的酒那里找到自我。多样选择就是啤酒的"意味",这种意味帮助我们找到自我,找到归属感和身份认同。这样,精酿不仅是饮品,同时也是精神文化意味的产品,口味的感知和培养过程本身也是文化品位提升的过程。精神的丰富性植根于物质的多样性,这正是情景物文化的真谛:在特定场域的生命活动中,人、主体与物、客体之间在即刻关联中达到了统一。

第二节　自酿店的老板们

精酿啤酒的基本文化精神就是将一个功能物变成情景物。工业拉格啤酒是一个功能物,它从属于一系列工业化复制、规模化技术体系,是这个系统中的一个功能性单位,与自然无关、与个性化的人无关;由此产生的同质化、寡淡型口味导致了人与自然的双重淡化,人们品尝的是技术的味道、替代品的味道。古代啤酒是一个情景物,它的酿造、味道与当地的风土、酿造人的个性密切相关。工业啤酒的功能化就是去语境化。精酿啤酒的本质就是再情景化,找回功能性工业啤酒丢掉的人性和物性。

因此,作为情景物的精酿的个性首先来自精酿人,这是我们对青岛精酿馆老板访谈的目的之一。这些精酿人的共同特点首先是热爱精酿,这常常是他们涉足精酿业的首要原因;再一个是充满探索创新精神。

一、追求品质的"唯麦"精酿

唯麦精酿自酿店老板郑焕良告诉笔者,"很多人来我店里来,问得最多的一个问题是，'什么是精酿啤酒'；另一个就是把我跟青啤放在一起比较，'青岛都有青啤了，你怎么还来青岛做啤酒？'"

（一）什么是精酿啤酒

郑焕良对笔者谈到了他对精酿的第一次理解，尽管那次喝的不一定就是严格意义上的精酿啤酒："我给我父亲买啤酒，我记得是夏天收麦子的时候让我去买啤酒，买回去以后父亲说，你也不小了，喝点啤酒吧。当时那个啤酒还是冰的，我一喝，这个啤酒和之前的不一样。一是它刚从发酵罐打出来的，新鲜的；再一个，酒溢出来以后特别醇厚特别香，而且它的香味不仅仅是麦芽的香味，一到嘴里特别饱满。当时我就觉得精酿有两方面，一方面是用好材料，通过好的工艺，或传统或创新的工艺去酿好啤酒，这是工艺的事情；另一方面是精神方面的东西，精酿代表一种生活的态度，追求健康积极向上的生活态度，其实精酿就是这么一个态度。我健康积极向上，同时也喜欢啤酒，我喝到一口好的啤酒，很舒服，很放松。"[①]

喜欢精酿好的品质、追求好的精神状态，这成为郑焕良做精酿的基本理念。

前工业时期的啤酒作为情景物，可能既是多元又是不稳定。标准化的工业啤酒味道是稳定和单一的。精酿啤酒是稳定前提下的多元。所以，精酿啤酒隐含着情景物和功能物的关系问题。前工业啤酒作为情景物是一个自然的文化现象，人们就地取材、根据个体的经验制作出高情景性的啤酒产品。而精酿的情景物属性是人的主动反思，是建立在对工业啤酒功能物的主动反思和批评的眼光当中产生的文化现象，因此，精酿啤酒属于创造性的情景物，而不是自然性的情景物。而工业产品往往是离境化和标准化的。工业产品丧失的就是文化世界的统一性，那个统一的文化世界就是人与物在本土化对即刻性关联当中产生的那种独一无二的品质，既情景物性质。

作为情景物的啤酒，比如古代原始的啤酒，更多的是特定的人、特定的物、特定的时间产生出的独一无二的产品——这是情景物的典型形式。而工业性功能物啤酒消解了这一切，特定的人、物与特定的时刻，让位于统一的标准、统一的原材料、配方、知识、结构、工艺模式，而那个整体性文化情景所粘连的人和物的那些特定的关系消失不见，变成一个平面化的结构之物、科学词语主导下的功能物。面对这样的情况，精酿啤酒产生了。人们不是要简单地回归自然性的情景物，而是创造性地回归那个情景物，回归的同时接受了功能物啤酒的范畴化、概念化、标准化的成果。因此，精酿啤酒是建立在功能物基础上的再返情景物，功能物的科学精神在精酿啤酒这里没有被抛弃而是被批判地继承下来。

（二）青岛都有青啤了，你怎么还来青岛做啤酒？

青岛人刻板地将啤酒与青岛啤酒厂的啤酒画了等号，要在青岛做精酿，挑战性很

---

① 根据作者访谈资料整理。

大

唯麦精酿位于青岛市市南区闽江路53号,是一家以"自制精酿啤酒"为特色的精酿啤酒餐吧。唯麦的店内设有专业酿酒设备,现代化设备与美式工业装修风格相融合。餐吧分为两层。一楼较小,可以看到部分设备。一走进来便可以嗅到空气里弥漫的麦芽酒香。伴随旋转扶梯和墙壁上的手绘到二楼后,视野明显开阔,能看到较大型的啤酒酿制设备分布在餐厅的最中央。餐桌围绕着设备错落有致的排开,就座的每位客人都能看到酿酒、打酒的全过程。300平方米的店内玻璃灯罩、麻质沙发垫、木质托盘、轮胎、复古海报、高脚椅、盆栽等呈现出复古又粗犷的装修风格。

郑焕良是唯麦精酿创始人和总酿酒师。在外地上大学期间,平时勤工俭学有了积蓄后在学校门口盘下一家小饭馆,当上小老板自己做生意。店里常去的大多是学校里的老师及同学。其中一个食品化工专业的老师每次吃饭总是自带一些刚从实验室里酿出来的啤酒。因为郑焕良跟老师比较熟,他跟着尝了几次,也正是这些尝试彻底改变了他对啤酒的认识。毕业后他做起了啤酒设备的销售工作,将国产设备卖到欧美,用两年的时间积攒了经验和启动资金,也认识了不少欧美酿酒界的大师。2015年初他辞掉了销售工作来到青岛,于同年3月29号创立了唯麦精酿啤酒餐吧,将现代精酿设备融入餐厅,投身精酿啤酒酿造事业。据郑焕良讲述,唯麦初始的经营情况比较惨淡。"那时在北京、上海、南京、武汉、深圳等城市,精酿的概念已经兴起了。但在青岛,精酿啤酒还没怎么起来,也没多少人喝。"但是,凭着对精酿的热爱和创新精神,他很快就将精酿啤酒发展并壮大了起来。

2017年7月,位于青岛市市北区四流南路80号纺织谷园区内的唯麦精酿啤酒工厂(WHY+M Craft Beer Brewery)正式开业,啤酒日产量超过两吨,同时创建的还有唯麦精酿啤酒研发团队。唯麦的精酿啤酒除了满足到店品饮的顾客,目前还供应青岛的十几个酒吧、餐厅或酒店——将啤酒用酒桶装好后送货,售卖时用酒头打酒;另外也推出易拉罐、铝罐等罐装礼盒在网络上销售。多元的经营方式兼顾了线上与线下需求。

据郑焕良讲述:"啤酒文化在青岛是又深又浅。深是深到老百姓的骨子里,一个大爷下楼扔个垃圾,什么菜都不吃就可以喝一杯扎啤。在青岛,男女老少都特别喜好啤酒,啤酒很深,深到老百姓骨子里。但是,这个啤酒指的就是青啤,青啤文化。这么多年,青岛只有青啤,它是持续垄断性的。在我们唯麦,更多聊到精酿,包括放一些啤酒宣传片,啤酒酿造有哪几步、用哪些原材料,啤酒分类是怎么区分的,IPA为什么叫IPA,会跟来和精酿的人讲这样的东西。啤酒文化也在逐渐转变。"① 郑焕良在这里总结了两种啤酒文化:一是青岛本土的啤酒文化,即食品文化和饮品文化;二是近几年兴起的精酿文化即文品文化。工业啤酒是一种饮品,尽管青岛啤酒表现出地方性的情景化特征,

---

① 根据作者访谈资料整理,访谈时间:2018年2月

但它在整个饮食文化体系中,是作为一个饮品类型中的一个地方文化现象。青岛啤酒在整个饮食系统内部中体现出文化的本土性,但当青岛啤酒和精酿啤酒作为一组对比项时,它体现为功能物和情景物的对比(图8-3)。

(三)"内增味"和"外增味"

"唯麦"的命名即是郑焕良对待精酿的理

图8-3　唯麦精酿啤酒餐吧
(图片来源:作者拍摄于2018年2月)

念。唯麦,WHY+M,是指 Water(水)+ Hops(啤酒花)+ Yeast(酵母)+ Malt(麦芽)="Beer"。"不添加任何防腐剂、添加剂及增味剂,采用独家先进过滤系统处理过的酿造水以及原装进口的高品质麦芽、啤酒花和酵母,匠心酿造,只为精品。"据郑焕良介绍,"最先开始有的是英文名,WHY+M,因为我的啤酒里只加这四样原料,别的什么都没有。我希望给顾客提供的啤酒是最干净、最本质、最纯粹的。"

谈到增加精酿啤酒的多味效果,他对笔者提到了"内增味"和"外增味"这两个概念。"现在很多搞精酿,加入粉状的添加剂,这是我完全不能接受的。"这是外增味。谈到"内增味",他说:"我更提倡仅通过四种原材料的自身发酵产生味道"。这是真正的精酿文化——"内增味"靠的是理据性的本真、反替代、指向起源、指向自然、指向高品质。

当然精酿并不排除增味手段,虽然郑焕良强调内增味,但也不排除适当地使用外增味,但坚决反对使用粉状添加剂——"酿制姜汁艾尔时,酿酒师通常会添加姜粉,但我们没加姜粉,加入的都是鲜榨的姜汁"。"另一款苹果酒的酿制时,我们也是坚持采用发酵,而苹果酒的发酵也融入了我们坚持的工艺理念。而大多数人一般都不会采用发酵的工艺,就是直接将食用酒精与果汁混合勾兑,充入二氧化碳使其碳化出现杀口感就行了。因为这个苹果酒的发酵比较费劲,包括苹果挑选、榨汁、发酵、过滤等各道烦琐程序。而我们就是加入真正的鲜榨苹果汁,实际上市面上很多果味啤酒并不是采用的真正水果,而是使用各种各样的粉类—粉类增味剂,什么样的味道都能勾兑出来。"当然,"添加剂"成本低廉,"内增味"会增加成本。高品质必然是高成本,但郑焕良表示:"成本的高,算酒的时候大多算的原材料,原材料高这一点,在总成本里是完全可以接受的。"

郑焕良为了追求高品质,提倡"内增味"不赞成"外增味",使用自然添加物拒绝粉粒添加剂,这深刻地诠释了精酿"风土性""理据性"的精神内涵:指向本真、自然和起源的情景物文化。

(四)记住烤牛肉还是啤酒?

郑焕良谈到,在精酿啤酒兴起之前,青岛啤酒店比较有名的是"金汉斯"——国内以鲜酿啤酒为核心、南美烤肉和自助餐为辅的同业市场领导品牌。"但是所有人提起金汉斯,第一想起的是烤肉。"烤肉,鲜啤酒,热闹,烟熏火燎的气氛、爆炸的声音、空气的浑浊、身体的刺激……那是"金汉斯"的味道。

唯麦店里也提供餐食,虽然一直不断地把餐食做精致,但它不像"金汉斯"那样去强化餐食的部分,餐食在唯麦店里一定是作为啤酒的配品而居于配角。郑焕良对店里的员工一直强调,抓住唯麦的特点——啤酒。"啤酒在这里,你可以尽情放开去喝,要是觉得吃的不到位,没关系,你从家里炒了菜或者叫外卖带过来,都可以。我更多的是提供好啤酒的服务。不用说多么好,在青岛提到精酿能想到唯麦,提到唯麦想到精酿啤酒,这就够了。"精酿啤酒唱"独角戏"的时候,它便成为一个情景物,触发了一个文化场景。在金汉斯那里,由于工业啤酒味道寡淡,所以啤酒的独立品味性不强而具有佐餐性,更多以南美烤肉闻名。工业啤酒往往不能够进行自我言说,更多的是作为刺激物存在于餐饮系统中,是一个不能独立携带情境的功能物。到了精酿啤酒这里,由于它具有丰富的味道和文品属性,它自己携带语境了,更具有情景物的性质。啤酒用来佐餐,还是餐食用来伴酒?这可能是工业淡水啤酒和后工业精酿啤酒的一个区别。精酿啤酒转向后者。啤酒不再是佐餐物或刺激性饮品,唯麦让人们记住的是精酿的味道和文化氛围。由此看出,精酿是一个超符号平台,这个平台的主角是精酿,同时聚集了若干其他文化事项或符号:话题、交友、音乐、品味……金汉斯关注肉体的宣泄和释放;精酿的本质在于宁静地、优雅地、舒缓地抒情。

二、创意"脸谱"

创意性使精酿成为一种"文品"和"人品"——每一款精酿都具有独一无二的创新性,它是精酿人的代表作。如果说"唯麦精酿"的高品质追求更多的是体现了精酿的"风土性"一面,那张森的"脸谱精酿"更具有文化创意精神(图8-4)。

图8-4　脸谱精酿 logo 设计
（图片来源:脸谱精酿供图）

(一)文品"红孩儿"

"刚做了款红色 IPA,投了多种混合酒花,酒体偏甜,带有香味偏水果糖的味道。之前已经使用小罐发酵试验过,这款'红孩儿'现在是大批生产。一直想做一款跟子龙 IPA 抗衡的平行产品,最后做了这款 RED IPA。我用了新工艺,想取一个年轻化一点的名字,既要体现颜色,还得从传统人物中选,而且我们的所有 IPA 的人物都必须是用枪的,最后选了红孩儿……红孩儿用的是火尖枪和三昧真火,后来被观音收了做善财童子。后面远处山上立着的是火尖枪,代表着淡出世外,放下兵刃立地成佛;眉眼下面隐含着五心朝天,潜心修行;眉心代表着三昧真火不灭,志气尚在。"①(8-5)"脸谱精酿"的老板张森在向笔者介绍"红孩儿"的时候,似乎还沉浸在这款酒的创作过程中。精酿的味道真的不仅仅来自质料本身,还来自酿酒师的温度,来自他赋予味道本身的诗意和文化想象。人们喝的不仅是滋味,还有精酿中的文化意味。张森手中创造出的啤酒,不是饮品而是文品。

图 8-5　红孩儿 IPA 的视觉呈现
(图片来源:脸谱精酿供图)

张森介绍,"真正从一开始奔着精酿、奔着酒来的人很少,只有 10%～20%,剩下的一些人都是慢慢地,他们最开始从青啤,或者原浆那些慢慢地转变过来以后,开始喝小麦,开始喝增味这些比较适口的酒。然后慢慢去接受 IPA,比利时,世涛,更高阶一些的酒。再高阶的,像浑浊 IPA,桂子,甚至兰比克,更高层次的精酿啤酒。"味道的变

---

① 据访谈资料整理。

化是通过品尝慢慢养成的，还是张森主动的设计与引导？是一个自然选择的结果，还是一个主动引导的结果？消费者味道偏好的改变过程，实际上反映了情景化和功能化相互作用的过程。情景化表现为舌尖影响大脑，舌尖影响了品味的改变——跟着情景走。舌尖不断地尝鲜，陌生化地试探不同的啤酒，形成了一种大脑的主动选择，对品味的一种选择性的倾向，而且这个倾向变得越来越精酿化。这个精酿化的过程实际上就是情景化的过程，是舌尖和味道即刻性情景互动的过程。同时，影响味道偏好的因素不是单一的。张森通过诗歌、戏剧、语言，通过脸谱的形象，通过多样的宣传手段，主动将这个味道在消费者脱离舌尖和味道在场性接触的情况下，有了缺席性的引导——词语化了。这就有功能物的特点，即啤酒的味道、生产过程、品味过程更多地服从于一个词语系统而不是情景。更多地受制于稳定、标准化的词语和形象知识系统、符号系统。在脱离的情境的情况下，张森也可以进行味道的宣传，不靠舌尖，而靠眼睛、耳朵、语言也可以进行味道的宣传，这就是先名后物的功能物过程。先物后名是由舌尖引向大脑，引向词语；先名后物是由口碑、形象，由词语反过来影响舌尖。这也同时说明，在精酿内部，虽然是以情景物主导，但它同时存在着功能和情景物双重运动。

（二）小而多的工艺啤酒

与"工艺"这个概念相近的词语有手艺、技能、艺术、匠人、小型……它的内涵显然更突出人对物的超越和个性化创作。

"脸谱精酿"位于青岛市李沧区夏庄路 1 号，张森及他的酿酒师在 2009 年时进入青岛啤酒工作，2015 年年底时离职自己创业。带着对啤酒工艺的热爱，2016 年 6 月，他开创了脸谱精酿。"死磕自己，做有意思的事，这是我们的价值观。"他倾向于做小而精的店，追求啤酒的工艺性和文化创意。从店铺整体的装潢修饰、啤酒产品的酿造、logo 海报的设计、富有民族风格和个性的视觉画面、产品命名，从整体到细节无不体现出他对待啤酒和经营酒吧的工艺精神。"脸谱精酿"的啤酒店面不大，为了追求一定的生产规模，因此就只有 4 个自酿品种。但是"脸谱"走的是小而多的工艺路线，最初开店主要的精酿品种有 4 个，现在有 5 个品种，多的时候会有 8 个左右的品种。店内常备 3～4 个品种的常规自酿酒款，4～6 个品种的季节性小品种自酿酒款，还有 2～4 款的进口客啤。从 2017 年的 3 月开始，店里增加了一个实验室、新增一台 50 升的实验设备和两个小规模的发酵罐，主要是为了试验小品种精酿，目前，大概有 3～4 个非常备的小品种在酿制。店里主要的酒款为：玄德小麦（原麦汁浓度 11° P，酒精度 4.8°）、绿绮凤梨（原麦汁浓度 11° P，酒精度 4.5°）、拼命三郎（原麦汁浓度 18° P，酒精度 8°）、子龙 IPA（原麦汁浓度 11° P，酒精度 6°），观图 8-6。

图 8-6　红孩儿 IPA 与子龙 IPA
（图片来源：脸谱精酿供图）

张森的精酿啤酒区分了主品种和小品种。这是他的精酿内部的功能物和情景物的二元对立。主品种作为精酿啤酒，相对于工业啤酒而言，它是情景物，它具有情景物的小众化、实验性、个性化、本土性等特点。但是，在精酿的内部又有功能性和情景性的二元化分，这种二元关系性就表现在主品种和小品种上。主品种的精酿啤酒具有可复制性，规模性，配方化、先名后物的那些功能物的特点。而小品种的精酿啤酒是一个实验状态，体现了当下性、情景性、未完成性、创造性等特点，它更具有情景物的性质。因此，在精酿啤酒内部，也存在情景物和功能物的二元互动关系，并且这种二元关系不是绝对的，它是一组关系项。

张森建设实验室研究酵母是脸谱精酿的优势之一。据他讲述，国内精酿啤酒店配置实验室的几乎没有，虽然有些小型精酿工厂也配置了实验室，但是真正独立做酵母的就更是少之又少。尽管成本投入了十几万，从经济利益上来讲是赔钱的，但他认为："本身做这个东西就是玩儿，建了实验室我可以控制的东西就越多，发挥的空间也越大，建成后付出的人力成本可能是最多的，大不了我不睡觉。我就是喜欢做这个。"有了实验室，张森可以选取世界各地的啤酒酵母在实验室中进行筛选、扩配和留种，保证酵母的纯净与活力，最大化地发挥酵母的性能意味着可以酿制出风味更好的啤酒。

不断的实验创新，不断推出新作品，成为"脸谱"精酿最重要的特色。

（三）外增味

张森说："这个店面本身就小，只能把很多东西都浓缩、挤在一起，其实也受到各种的限制，就像是'戴着枷锁跳舞'。"所以"脸谱精酿"会更突出精酿的创新、调配和聚集精神,在有限的空间追求无限的创作自由(图 8-7)。因此也就不同于"唯麦精酿","脸谱精酿"在增味的态度上则持较为开放的态度,认为精酿的精神之一是开放,只要符合食品安全,可以自由组合。在"唯麦精酿"的郑焕良那里,我们获得了"内增味"和"外增味"这两个概念。内增味更依赖啤酒优质原料自身产生多元味道,而外增味则较多依赖外部各种添加材料来实现味道的多元化。其实二者都体现了精酿啤酒的双重性格:"内增味"的理念是本原、纯粹、风土化倾向,"外增味"的理念是多元、创新、个性化倾向。张森说,"增味有很多途径,大多数人都在宣扬啤酒纯净法,宣传都是麦芽酿造而无任何添加。其实全世界排名前列的知名啤酒,很多都使用食用香精,这属于增味的添加剂,精酿其实是不应该排斥这个东西的,只要它没有食品安全的问题就可以了。但是你不能跟客人辩论这个问题,因为它和整个社会舆论是相悖的。所以现在基本上国内主流的做法是,没人去主动添加非自然产生的添加剂。"

张森所谓的"外增味"的添加剂指的是自然原料,这是在自由创新的同时体现了精酿的本土性、理据性、原真性的一面。张森告诉笔者:"2017 年夏天做了一款牡蛎世涛——原材料就是我们常见的青岛海蛎子。当时做了大概有 70～80 升,十一前后搞了一个活动,评价、反响都还不错。我们每年都会定期搞个小活动,推出采用应季增味品酿制的啤酒,荔枝上市的时候做荔枝口味的,产桃的季节就做水蜜桃口味。应季的东西相对比较随意,什么时候有就做了,比如八月十五我们就会推出桂花啤酒。总体上,还是尝试的因素比较大,可能也卖不上多少钱。"海蛎子、应季水果,这些本土化元素都被当作自由调配的增味手段用于啤酒的创新。

图 8-7　脸谱精酿的酿酒设备
(图片来源:作者拍摄于 2018 年 2 月)

（四）外增味中的命名意味

2018 年 2 月到脸谱调研的时候，笔者在店里尝试了一款名为"绿绮凤梨"的精酿啤酒（原麦汁浓度 11°P，酒精度 4.5%）。这款酒在酿制过程中加入了鲜榨凤梨汁，属于增味啤酒，口感柔和且有清甜的凤梨味。据张森讲，"绿绮"是古琴的名字，"凤"既指凤梨，体现啤酒味道，又与中国传统文化中"凤凰"的意涵呼应。该产品海报（图 8-8）的左上角即是梧桐树，意指"凤栖梧桐"；下面的山是岐山，寓意"凤鸣岐山"。"之前每做一款增味啤酒，我们都会定一个名字，一般是采用偏向女性化的方式进行命名。比如之前用荔枝酿制的增味啤酒，就被称为'红尘'。基本上，我们想给每一款啤酒都有一个有意义内涵的表达。但是由于凤梨是舶来品，没有什么历史典故在里面，所以只能卡'凤'——凤凰的凤。因此就有了'绿绮凤梨'的名字。"

图 8-8 "绿绮凤梨"设计海报
（图片来源：脸谱精酿供图）

外增味犹如绘画的调色板，是精酿创意的重要手段和术语之一。增味是"触摸"或激活舌尖的重武器。但这种"触摸"尚停留在个体之间，不具有公共传播性。怎样让增味的个体性触摸变成公共性的、大众传播的"触摸"？张森给出了令人信服的答案——命名、视觉再现。用带有象喻理据的命名和画面来锚固某种增味，使得增味可以对公众自我言说，具有了大众传播性。这就是精酿的增味由质料性的"滋味"转变为精神与物质合一的"意味"。

（五）啤酒中的京剧意味

在脸谱这里，精酿啤酒的文品特征表现很突出：海报设计偏中国风，中国传统文化的元素蕴涵丰富——诗词、戏曲、色调、国画风、命名等。每一款啤酒的海报设计右下角还有品饮此款啤酒所对应的酒杯——一品一杯，图文搭配，图文互指。进入脸谱精酿店，目之所及之处所有元素都是张森精酿啤酒理念的载体。

"我喜好的东西很多，从小我就听戏，喜欢中国传统文化，我也很看重设计，既然喜欢玩，就把这些都放在一起玩。"张森在不断探索将中国传统文化中的脸谱、戏曲等中国风元素与精酿啤酒相融合，从每一款啤酒的命名、酒标和商标的形态、产品海报的视觉设计、图文与诗词的搭配到整个店的视觉设计与装饰等，都是张森自己在做，处处体展现出浓郁的中国传统文化风格，特别是戏曲文化（图 8-9）。这与他从小的生活经历和爱好分不开。

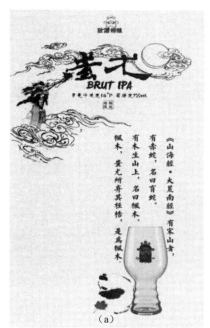

图 8-9　"蚩尤"的 IPA

（图片来源：脸谱精酿供图）

　　脸谱里每做一款精酿啤酒出来，都会将该酒款最突出的特点、命名、视觉上图文配诗的意义表达做一个"实物——词语——图像"三者有机统一的整体呈现。脸谱店里以啤酒为主，配简餐，餐食尽量向啤酒的风格靠拢，并把餐食也尽量做到与精酿啤酒的精神同一品味的层次。张森认为，店里的啤酒、餐食和视觉设计产品三者是三位一体的，无论单独拿出哪个要素都应该是脸谱这个店的文化体现（图 8-10）。

（a）　　　　　　　　　　（b）

图 8-10　脸谱精酿制作的一组产品海报
（图片来源:脸谱精酿供图）

第三节　THE WAY,精品＋创新

从符号学立场看,文化聚集物就是各种异质性的文化符号围绕共同的主题在同一场所共同碰面、交流,形成一个统一而多元的文化符号场域。胡晓柏主营的精酿馆"THE WAY",就是由啤酒唱主角的文化或符号聚集场。

一、空间的聚集

位于青岛市国信体育场内的 THE WAY 精酿馆就是这样的一家店——瓶子店和自酿店的融合店。其不仅售卖 100 多种来自各个国家的瓶装精酿啤酒,同时也有自酿车间生产精酿啤酒。THE WAY 的设计是偏向现代工业风格,内部空间宽敞明亮,无论是酿酒车间,还是厨房餐吧,全部采用开放式设计。餐厅的中央还有一个小型的演唱会舞台,会定期举办小型歌会,以歌会友、以酒会友。与啤酒有关的所有因素都聚集在这里。"一切与啤酒有关",是一种调配。靠着胡晓柏对精酿的理解,一切相关元素都被组合进这个空间:酒吧、咖啡馆、西餐馆,本土、时尚,传统、创新……对于精酿爱好者而言则是一种聚集:"THE WAY 聚集了我的爱好与梦想。啤酒、音乐、自由、梦想,这是很多人心中的精酿文化,同时也是我对 THE WAY 的希冀—希望在这里让人们见识到我们对精酿信仰的坚持,并将精酿以及精酿精神传播出去,打造并实现每个人心中的精酿信仰。"[1]

调配是精酿的创意手段,聚集则是调配的结果。二者共同服务于人的创新动机,服务于"每个人心中的精酿信仰。"

---

① 根据作者多次访谈录音整理。

THE WAY 自觉地将精酿啤酒融入一个更大的精酿文化大空间中。据胡晓柏介绍,最近几年由于消费升级,随之而来的是精品文化消费的转向:小众、娱乐、精品、纯粹、多元、创意、敬业、探索、诗意、超级关联(如精酿与咖啡、与图书等),这些后现代理念进入消费领域……精酿啤酒就是这个大的精品文化聚集空间的一个重要成员。THE WAY 的楼上是"如是书店"。"如是书店"是一个精品文化产业综合体,除了书店之外,还经营精酿啤酒(THE WAY)、独立设计师工作室、创客工作区、美术馆与绘本馆等各种各样小众化的精品文化产品,它们也构成了精酿啤酒文化精神的外部延伸。"精品文化产业综合体"就是一个聚集物,它通过"精品、创新"这些理念把不同的业态聚集到同一空间中。

自酿店相对规模较小,所以多采取前店后厂的布局。唯麦、脸谱、THE WAY 都是如此。但传统意义上的前店后厂,"店""厂"在空间上是隔离的。但现代自酿啤酒馆都拆掉了"隔离墙",让消费者亲眼看见酿造过程。这方面 THE WAY 的设计有独到之处。

THE WAY 将餐吧、餐厅、车间三者搭配、聚集为一体。生产车间采用透明玻璃橱窗,就餐客人可以透过玻璃,清楚看到产线车间里的各种发酵设备及啤酒酿制过程,实现了工厂与商店及餐厅的有机结合。全封闭的酿造车间里 4 个发酵罐、两条生产线,包括一条 5 吨的自酿生产线和一条 100 吨的瓶装生产线,可以提供多达 10 余种口味的精酿啤酒。店内除了供应成品的瓶装和自酿新鲜精酿外,THE WAY 还制作了啤酒罐方便顾客外带,同时可根据客人需求制作个性化的啤酒纪念桶。

与之前的几家精酿啤酒馆一样,来 THA WAY 消费的顾客也是来自各行各业,其中最多的是年轻人与外国人,这或许是因为年轻人更能接受新鲜事物。THE WAY 精酿馆希望可以实现空间上的连锁拓展,以实现产品的标准化和定制化兼容,打造一个线上与线下集合,产品与体验结合,互为流量入口同时又互为体验场景的全新精酿模式。

专为参观橱窗保留的通道展示橱窗、参观通道,让酒吧和工坊之间构成一种互动"聚集"关系,见图 8-11 和图 8-12。

(a)展示橱窗及参加通道　　　　　(b)店内就餐环境

图 8-11　展示橱窗、参观通道及店内就餐环境

(图片来源:作者拍摄于 2018 年 3 月)

图 8-12　开放式厨房

（图片来源：作者拍摄于 2018 年 3 月）

二、啤酒的味道是如何延伸的

精品的理念不仅体现于啤酒的酿造过程，也体现于对它的味道的感知。精酿追求一品一杯，酒杯成为啤酒味道的物质延伸，特定的啤酒与特定的酒杯相配。比如杯口的宽窄与香气有关，形状不同与泡沫层有关，杯口形状与风味有关，杯子厚度与酒的温度有关（图 8-13）。

图 8-13　造型独特的姊妹杯

（图片来源：作者拍摄于 2018 年 7 月）

THE WAY 餐吧的理念是——不仅有好的啤酒,还要有最"赞"的餐。因此这里配酒的餐品丰富多样:汉堡、披萨、小食、甜品等数十款可供选择,以满足不同口味啤酒的搭配需求。此外,还有立足本土口味的创新菜品。除了餐品的丰富搭配之外,咖啡师出身的 THE WAY 主管胡晓柏还引进了咖啡。他认为咖啡属于理性的,精酿属于感性的;咖啡属于白天,精酿属于夜晚。但它们不是矛盾而是互补的,共同构成一个精品系列。笔者问他:"你的店里也有咖啡,是不是你的主打产品或品牌还是以精酿为主,咖啡不是你的主营,只是陪衬?"他回答说:"我的咖啡机比啤酒的水管都低一些矮一些。"这个意思说明了咖啡在这里是潜在的,可以有,但并不是 THE WAY 的主要形象,它以对立参照的方式参与了啤酒味道的构成。

啤酒味道的搭配更重要的元素是词语符号的介入。没有被理解的味道,只存在于无言的或私语化的个人懵懂体验中;被写出的味道,才能帮助人更深刻地感觉它。酒杯垫不仅仅用于装饰,更重要的是对每款酒品的语言描绘,这些词语使啤酒的滋味变成意味,没有意味感的啤酒不是精酿。观图 8-14

酒垫既是啤酒杯的搭配物,又是独立的图文符号,它参与了味道的构成,使滋味充满意味。

图 8-14 酒垫及酒杯
（图片来源:作者拍摄于 2018 年 7 月）

三、精酿人：精品 + 创新

胡晓柏对精酿文化的理解是"有态度的酿造,传递自由精神"。有态度的酿造可谓精品意识,"传递自由精神"可为创新意识。笔者总结为：精品 + 创新。精品是一种纯粹、真诚的工作、生活态度,创新是对自由、多元和变化的追求。

胡晓柏本人就是"精品 + 创新"的体现者。

精酿人既包括酿酒师又包括精酿爱好者。胡晓柏是一个典型的"80后",之前一直在咖啡行业工作,凭着自己对这一饮品的热爱和努力,从最初的一名普通咖啡师,最后做到著名咖啡馆的咖啡学院院长。八年之后,另一杯饮品—啤酒—使得他的人生有了新的改变。"这一切都是因为最初咖啡味道的吸引"—对精品味道的诠释是他执着追求的东西。

"2011年,第二杯饮品出现了——精酿,而它的出现也改变了我的人生。它的口味丰富多彩,一改我对啤酒的固有印象,使我认识到啤酒竟然有这么多品类,口感竟然也是如此多样化。同时精酿馆前卫的设计、放松的氛围带给我很多惊喜。它不同于咖啡馆理性的感觉,是年轻人聚集玩乐的地方。我每经过一个地方,必须去当地的精酿馆看一看、尝一尝。2014年夏天,我应'如是书店'老板的邀请,来青岛进行了一番深入的交流。书店经营理念和精神,让我俩一拍即合。我决定来到青岛,成为如是书店核心团队中的一员。"[1]

"我想用心去创造一个东西,而不是简单的复制,我要去做一瓶匠人气质的啤酒。"胡晓柏说。

他追求高品质、纯粹,反对替代。啤酒酿造的原料都是精挑细选,他把种种精品意识叫作"纯粹"。"纯粹"这个文化理念可以表现在精酿的各个方面——多达十余种的精酿啤酒,两条自有的生产线,严苛整洁的加工环境与工艺,追求卓越的高品质,个性化的定制酒桶,崇尚精品与创新的精酿文化(图8-15)。

(a)酒头　　　　　　　　　(b)酒单

图8-15　酒头与酒单

(图片来源：作者拍摄于2018年8月)

---

[1] 据作者访谈资料整理。

他的精酿团队也是一个纯粹的精品队伍。他告诉笔者，他团队里的每个人曾经都有一份令人羡慕的工作，其中很多人甚至有国际化工作或学习的背景和经历，而他们仅仅就是凭着对精酿的爱好而聚集到这里。端酒的服务员曾经是大剧院的设计师，厨师是远洋货轮上的主厨。每一个人都有自己的特点，而这一切都不是为了简单地服务或者食物加工。店内招牌的披萨就是国内披萨赛事冠军亲手制作的，同时也聘请了意大利披萨协会会长技术顾问，利用前沿的创新性理念与本土习惯相结合，打造出最适合青岛人的餐饮产品，比如取自本地应季小海鲜制作的海鲜披萨。

别的精酿店是老板个人性格的延伸，酒店的形象也体现出老板个人的好恶。胡晓柏说，"我不赞同这样的，精酿店不是老板自己个性化的体现，真正的精品店是团队水平的精品店，是个团队。"他的团队是一个创意团队。精品必然吸引精英。THE WAY的顾客主要包括设计师、IT人员、现代传媒人员、教师、各种白领等，同时也有很多国际友人光临。经常也会有一些民谣、摇滚歌手来这里举办小型歌唱会，同时顾客中也有一些音乐爱好者也会自发组织演出，这些人虽不是专业歌手或者乐队，但是演奏水平也是相当专业的，但这大多都是自娱自乐、独具个性化。笔者不由想到，所谓"精酿人"就是用"精品＋创新"意识来制造精酿和消费精酿的人。用胡晓柏的话说，他们来到这里，不一定互相说话，喝一杯就感觉到彼此之间属于同一个世界，彼此之间趣味相投，"在这里就不是那种大吃小喝的狂欢的味道了，很高雅、很交流、很放松。"

小　结

在工业拉格的青岛啤酒几乎统一青岛市场的大背景下，近年来随着精酿啤酒的兴起，青岛也涌现出了一些"小众"的精酿啤酒店。本章主要通过精酿啤酒与工业啤酒的对比，精酿啤酒内部的成品瓶装精酿与自酿散装精酿的对比，揭示啤酒物语"外部关联、内部隐含了词与物的关系方式"。

相对于工业啤酒，精酿啤酒所代表了风土性和创新性、理据性和动机性结合的情景物文化。"《精酿瓶子店的老板们》"一节将精酿啤酒与工业拉格啤酒作比，展示了精酿啤酒这一物的多样性，体现了精酿文化的自由聚集、充满个性动机的文化色彩，以及人与物、主体与客体的关联统一。"《自酿店的老板们》"是对自酿散装精酿店的田野访谈，揭示了精酿啤酒及其所代表的积极向上的生活态度及精神，通过两个自酿店的描述，更深入地揭示了风土性和创新性、理据性和动机性结合的情景物文化内涵，进一步体现了精酿啤酒更加注重创新性调配的文化色彩。"《THE WAY：精品＋创新》"则根据精酿啤酒馆THE WAY的田野笔记，用更全方位的视角描述了精酿文化的两个基本属性：风土性和创新性。

结　语

啤酒作为一种物语符号,它自身重叠了功能物和情景物两种符号关系方式。一部啤酒的发展史,就是在情景物和功能物两种重叠的符号化力量的互动中,不断从情景物走向功能物,而后又重返情景物的历史。

起源期啤酒作为一个采集文明时代的情景物,主要表现为现代啤酒的四个要素尚处于自然混成、整体不分、随境而迁的不确定状态。此时的啤酒主要由大自然提供,是人被动地适应自然世界的物语符号,人的意图更多地服从于自然的意志。

麦芽期啤酒已然成为农耕文明的符号、一个功能物。人类已经掌握了麦芽的种植、加工、酿造的技术。这时人类已经使用象形字,啤酒以及与谷物种植有关的生产活动的知识经验可以通过文本进行离境化操作和传播。但相对于后来的啤酒花期啤酒,麦芽期仍是高语境的情景物,毕竟啤酒的构成要素主要由自然环境提供而非知识和技术来安排。

随着啤酒花期的到来,啤酒进一步功能化了。啤酒中啤酒花的应用,是人们从随机多样的啤酒调味香料中逐渐筛选的结果。这个过程是通过以词语性知识分析后,把啤酒花从情景物的香料物体系中刻意凸显出来,超越了特定酿造环境的制约。功能化的结果使酒花的功能物性质凸显,啤酒的酿造和感知越来越依赖由知识和技术体系构成的功能系统,并且使啤酒味道的感知由情景物的"体味"转向功能物的"风味"。"风味"指某种味道被纳入到一个概念性分类体系,每一款风味来自它在整个酒类系统中的分配关系。

而后是酵母期。酵母的发现和应用,使啤酒进入到技术科学话语阶段。巴斯德的酵母发酵理论真正彻底实现了酵母从情景物到功能物的转变。他使酵母从高语境的自然物体系中分离出来,纳入由科学词语支配的生物科学话语体系中,从而使人们可以在观念形态和封闭的实验室内把握和处理酵母,将它自由地运用、移植到一切其他物体系中,进行重新组合,产生新的人工体系。这就是情景物的功能化、自然的科学化。酵母的科学话语为酿酒工业作出了巨大的贡献,奠定了酿酒工业的理论基础。

啤酒淡水期的到来攻克了功能化进程的最后一个堡垒:酿造水的使用。拉格啤酒代表了大工业规模化生产的啤酒文化。基于本土水源地的供水已不能满足拉格啤酒大工业生产的需求,于是通过技术处理,在任何地方都能生产出最好的啤酒味道的加工水,成为 19 世纪晚期以来啤酒发展的总趋势。加工水的普遍使用是这一时期的重要特征,所以称为淡水期。在淡水期以前,酿酒使用的主要是自然水。从自然水到加工水,这也表现为啤酒的四要素之一"水"的功能化进程。功能化可以表述为"水"由一个情景物(自然水)在变成观念物(可以对水的构成成分进行分析、分解、重新组合)后,可以自由地进行技术处理,以满足大工业生产的需要。所以,加工水也成为大工业生产的物语符号。

一部啤酒不断功能化的历史,就是人与自然关系逐步分裂的历史。"人的符号活动能力进展多少,物理实在似乎也就相应地退却多少。在某种意义上说,人是在不断地与自身打交道而不是应付事物本身。他是如此地使自己被包围在语言的形式之中,以致除非凭借这些人为媒介物的中介,他就不可能看见或认识任何东西。"人与自然关系断裂的结果,是由高度功能化的知识技术符号代替了人和自然的出场,高语境生命活动中的两个要素——人和自然双双缺席,世界变成一个冷冰冰的功能物世界。于是,历史的一个轮回开始了,啤酒开始了自己的精酿运动,其本质就是将功能物再回归为一个情景物,让被功能物丢弃了的人和物再次共同出场。精酿啤酒有两个基本特征:风土性和创新性,就是重建自然和人的和谐关系。

以古典艾尔啤酒为代表的情景物,展示了一个人与自然的依存统一的文化世界。以工业性拉格啤酒为代表的低语境的功能物,产生于文化世界统一性的丧失。高语境的精酿啤酒诞生于对丧失了的统一性的重建,它的本质是让功能物世界重返情景物世界。尽管这种"重返"仅仅是符号意义上的。本书对青岛啤酒街和精酿啤酒的田野考察,也属于对这种文化重建思潮的近距离观察。

参考文献

一、中文著作

[1] 陈诏.中国馔食文化 [M].上海:上海古籍出版社,2004.

[2] 杜扬.山东旅游年鉴 [M].天津:天津古籍出版社,2017.

[3] 高宣扬.当代社会理论 [M].北京:中国人民大学出版社,2010.

[4] 高亚春.符号与象征:波德里亚消费社会批判理论研究 [M].北京:人民出版社,2007.

[5] 耿占春.隐喻 [M].开封:河南大学出版社,2007.

[6] 龚鹏程.饮馔丛谈 [M].济南:山东画报出版社,2010.

[7] 洪光住.中国酿酒科技发展史 [M].北京:中国轻工业出版社,2001.

[8] 胡塞尔.胡塞尔选集:下卷 [M].上海:上海三联书店,1997.

[9] 蒋正良.青岛城市形态演变 [M].南京:东南大学出版社,2015.

[10] 金志国,巩升起.一杯沧海:品读青岛啤酒博物馆 [M].山东:山东友谊出版社,2008.

[11] 金志国.一杯沧海:我与青岛啤酒 [M].北京:中信出版社,2008.

[12] 李东泉.青岛城市规划与城市发展研究(1897-1937)[M].北京:中国建筑工业出版社,2012.

[13] 李明.青岛往事从德国租借地到八大关,重组的城市影像 [M].哈尔滨:北方文艺出版社,
     2017.

[14] 李明.中山路:一条街道和一座城市的历史青岛早期城市化风景的非典型叙述 [M].青岛:中国
     海洋大学出版社,2009.

[15] 李森堡.青岛指南 [M].青岛:中国市政协会青岛分会,1947.

[16] 李图.胶州志 [M].台北:成文出版社,1976.

[17] 梁实秋.梁实秋散文集 [M].吉林:时代文艺出版社,2015.

[18] 廖炳惠.吃的后现代 [M].桂林:广西师范大学出版社,2005.

[19] 林辉茂.醴泉啤酒厂创立与发展 [G]// 山东省政协文史资料委员会.山东文史集粹(修订本):
     下集.北京:中国文史出版社,1998:41-42.

[20] 刘新.时尚青岛 [M].青岛:青岛出版社,2012.

[21] 鲁海,鲁勇.青岛掌故 [M].青岛:青岛出版社,2016.

[22] 鲁海.老街故事 [M].青岛:青岛出版社,2010.

[23] 罗钢，王中忱．消费文化读本 [M]．北京：中国社会科学出版社，2003.

[24] 骆金铭．青岛风光 [M]．上海：兴华印刷局，1935.

[25] 孟华．汉字主导的文化符号谱系 [M]．济南：山东教育出版社，2014.

[26] 孟华．三重证据法：语言·文字·图像 [M]．长春：吉林大学出版社，2009.

[27] 孟华．文字论 [M]．济南：山东教育出版社，2008.

[28] 孟悦，罗钢．物质文化读本 [M]．北京：北京大学出版社，2008.

[29] 谋乐．青岛全书 [M]．青岛：青岛印书局，1912.

[30] 彭兆荣．饮食人类学 [M]．北京：北京大学出版社，2013.

[31] 青岛啤酒股份有限公司．青岛啤酒纪事 1903—2003[M]．青岛：中国海洋大学出版社，2003.

[32] 青岛啤酒股份有限公司企业文化中心．百年回眸：青岛啤酒百年轶事 [M]．青岛：青岛出版社，
     2003.

[33] 青岛市档案馆．青岛地图通鉴 [M]．济南：山东省地图出版社，2002.

[34] 青岛市史志办公室，青岛市文物局．青岛文物志 [M]，北京：五洲传播出版社，2004.

[35] 任银睦．青岛早期城市现代化研究 [M]．北京：生活·读书·新知三联书店，2007.

[36] 石峰．青岛老城的街道与生活 [M]．南京：东南大学出版社，2012.

[37] 舒瑜．微"盐"大义：云南诺邓盐业的历史人类学考察 [M]．北京：世界图书出版公司，2009.

[38] 宋连威．青岛城市的形成 [M]．青岛：青岛出版社，1998.

[39] 孙顺华．古今青岛 [M]．青岛：青岛出版社，2012.

[40] 唐明官，唐是雯．啤酒酿造 [M]．北京：中国轻工业出版社，1990.

[41] 滕安功．百年回眸—青岛啤酒百年轶事 [M]．青岛：青岛出版社，2003.

[42] 宛华．图解世界通史 [M]．北京：中国华侨出版社，2017.

[43] 万伟成．中华酒经 [M]．广州：南方日报出版社，2001.

[44] 汪民安．身体、空间与后现代性 [M]．江苏：江苏人民出版社，2006.

[45] 王铎．青岛掌故 [M]．青岛：青岛出版社，2006.

[46] 王明珂．鼎鼐文明古代饮食史 [M]．台湾：财团法人中华饮食文化基金会，2009.

[47] 王鹏．世界啤酒品饮大全 [M]．辽宁：辽宁科学技术出版社，2017.

[48] 王占筠．青岛蓝调：2[M]．青岛：青岛出版社，2014.

[49] 巫鸿．物尽其用：老百姓的当代艺术 [M]．上海：上海人民出版社，2011.

[50] 伍庆．消费社会与消费认同 [M]．北京：社会科学文献出版社，2009.

[51] 夏骏，阴山．再造青啤：一个百年企业的文化演变 [M]．北京：东方出版社，2006.

[52] 肖坤冰．茶叶的流动：闽北山区的物质空间与历史叙事 1644-1949[M]．北京：北京大学出版社，
     2013.

[53] 谢馨仪．精酿啤酒赏味志 [M]．北京：光明日报出版社，2014.

[54] 徐惟诚．大不列颠百科全书（国际中文版）[M]．北京：中国大百科全书出版社，2002.

[55] 徐新建．醉与醒中国酒文化研究 [M]．贵阳：贵州人民出版社，1992.

[56] 阎云翔．礼物的流动 [M]．上海：上海人民出版社，2000.

[57] 颜坤琰，刘景文．世界啤酒大典 [M]．重庆：重庆出版社，2001.

[58] 叶舒宪．亥日人君（典藏图文版）[M]．西安：陕西人民出版社，2008.

[59] 叶舒宪.图说中华文明发生史[M].广州:南方日报出版社,2015.

[60] 阴山,纪卫华.百年青啤:1903—2003 一个百年企业生存奋争的解密报告[M].北京:中华书局,2003.

[61] 银海.牛啤经精酿啤酒终极宝典[M].郑州:中原农民出版社,2016.03.

[62] 余舜德,李尚仁,林淑蓉,等.体物入微[M].新竹:清华大学出版社,2008.

[63] 余舜德.体物入微:物与身体感的研究[M].新竹:清华大学出版社,2010.

[64] 袁立泽.饮酒史话[M].北京:社会科学文献出版社,2012.

[65] 袁荣叟.胶澳志[M].台北:文海出版社,1928.

[66] 张一兵.不可能的存在之真[M].北京:商务印书馆,2006.

[67] 张一兵.文本的深度耕犁——西方马克思主义哲学文本解读[M].北京:中国人民大学出版社,2004.

[68] 赵乐生.吉尔伽美什:巴比伦史诗与神话[M].南京:译林出版社,1999

[69] 周茂辉.啤酒之河:5000 年啤酒文化历史[M].北京:中国轻工业出版社,2007.

[70] 周锡冰.百年青岛啤酒的品牌攻略[M].北京:中国物资出版社,2011.

[71] 朱建君.殖民地经历与中国近代民族主义:德占青岛[M].北京:人民出版社,2010.

[72] 朱立元.美学大辞典(修订本)[M].上海:上海辞书出版社,2014.

[73] 朱梅,齐志道.世界啤酒工业概况[M].北京:中国轻工业出版社,1984.

[74] 朱梅.中国啤酒[M].合肥:安徽科学技术出版社,1987.

[75] 曾莉芬,吴凡.中国精酿观察基于品牌与商业模式创新的思考[M].杭州:浙江工商大学出版社,2018.

二、中文论文

[1] 白文硕."物的传记"研究[D].兰州:兰州大学,2017.

[2] 包亚明.现代性与都市文化理论[M].上海:上海社会科学院出版社,2008.

[3] 蔡柳青.西方饮食人类学研究述评与发展前瞻[J].山西高等学校社会科学学报,2016,28(1):26-31.

[4] 陈淳,郑建明.稻作起源的考古学探索[J].复旦学报(社会科学版),2005(4):126-131.

[5] 陈理杰.美国精酿啤酒市场分析及对中国市场的启示[J].啤酒科技,2014(08):28-30.

[6] 陈志明.地方与全球——文思理教授(SidneyWilfredMintz)与人类学[J].西北民族研究,2017(1):57-63.

[7] 郭旭.中国近代酒业发展与社会文化变迁研究[D].无锡江南大学,2015.

[8] 国家质量监督检验检疫总局.啤酒:GB/T4927—2008[S].北京:中国标准出版社,2008.

[9] 韩海燕,杜永健.青岛啤酒:浓缩城市百年历史[J].走向世界,2016(38):51-53.

[10] 侯深,王晨燕.摩登饮品:啤酒、青岛与全球生态[J].全球史评论,2018(01):96-116+280.

[11] 黄克兴.青岛啤酒独有的"四个基因"[N].青岛日报,2017-08-12(4).

[12] 靳志华.人类学视野下物的文化意义表达[J].西南边疆民族研究,2014(01):61-66.

[13] 靳志华.物的意义生成及其社会文化关联:基于人类学的视角[J].北方民族大学学报(哲学社会科学版),2014(01):104-108.

[14] 鞠惠冰.物品的文化传记与消费文化研究[J].南京艺术学院学报(美术与设计版),2009(3):

114-116，104，199.

[15] 梁实秋.忆青岛[J].文化月刊，2008（2）：23-25.

[16] 刘成顺.青岛啤酒街：永不落幕的啤酒节[J].招商周刊，2006（24）：33-36.

[17] 罗朗·巴尔特.结构主义——一种活动[J].袁可嘉，译文艺理论研究，1980（2）：168-171.

[18] 马赛，蔡礼彬.青岛啤酒街的历史与现状分析[J].商场现代化，2010（35）：77.

[19] 马树华.啤酒认知与近代中国都市日常[J].城市史研究，2016（02）：163-196，241-242.

[20] 马未都.菜场里的风景[J].人生与伴侣月刊，2014（7）：27.

[21] 马文·哈里斯，叶舒宪.圣牛之谜——饮食人类学个案研究[J].广西民族学院学报（哲学社会科学版），2001，23（2）：5-12.

[22] 马祯.人类学研究中"物"的观念变迁[J].贵州大学学报（社会科学版），2015，33（05）：118-123+128.

[23] 孟凡行.物质关系和物质文化的四层结构[J].民俗研究，2017（04）：50-62+159.

[24] 孟华."香"与"鲜"：中西饮食不同的设计理念[J].商业研究，2001（03）：176-179.

[25] 孟华.符号学的三重证据法及其在证据法学中的应用[J].证据科学，2008（01）：16-26.

[26] 孟华.在对"物"不断地符号反观中重建其物证性——试论《物尽其用》中的人类学写作[J].百色学院学报，2015（2）：87-97.

[27] 孟华."中性"——汉字中所隐含的符号学范式[J].符号与传媒，2017（02）：98-117.

[28] 孟洁.自我的重塑[D].北京：中央民族大学，2012.

[29] 孟悦.什么是"物质"及其文化？（上）——关于物质文化研究的断想[J].国外理论动态，2008（01）：65-71.

[30] 孟悦.什么是"物质"及其文化？（下）——关于物质文化研究的断想[J].国外理论动态，2008（2）：68-75+79.

[31] 纳日碧力戈."体物"之人类学观察[J].新疆师范大学学报（哲学社会科学版），2014，35（2）：96-101+2.

[32] 彭兆荣，葛荣玲.遗事物语：民族志对物的研究范式[J].厦门大学学报（哲学社会科学版），2009（2）：58-65.

[33] 彭兆荣，路芳.物的表述与物的话语[J].北方民族大学学报（哲学社会科学版），2009（6）：87-91.

[34] 彭兆荣，吴兴帜.民族志表述中物的交换[J].中南民族大学学报（人文社会科学版），2009，29（1）：1-5.

[35] 彭兆荣，肖坤冰.饮食人类学研究述评[J].世界民族，2011（3）：48-56.

[36] 彭兆荣."词与物"：博物学的知识谱系[J].贵州社会科学，2014（6）：33-38.

[37] 彭兆荣.吃与不吃：食物体系与文化体系[J].民俗研究，2010（2）：114-126.

[38] 彭兆荣.格物致知：一种方法论的知识——以食物为例兼说叶舒宪的四重证法[J].思想战线，2013，39（5）：29-34.

[39] 彭兆荣.民族志之"物"志[J].百色学院学报，2015，28（1）：53-59.

[40] 彭兆荣.人类学专题研究：饮食人类学[J].百色学院学报，2015，28（5）：69.

[41] 彭兆荣.物的民族志述评[J].世界民族，2010（1）：45-52.

[42] 彭兆荣.饮馔智慧：中国饮食中的哲学人类学视野[J].百色学院学报，2014，27（1）：63-68.

[43] 佚名.青岛"一带一路"新亚欧大陆桥经济走廊主要节点城市海上合作战略支点城市[J].走向世界,2015(20):47.

[44] 佚名.青岛啤酒街:彰显百年青啤魅力[J].走向世界,2005(12):42-43.

[45] 胶海关.胶海关十年报告(一九一二至一九二一年报告)[C]//青岛市档案馆.帝国主义与胶海关.北京:档案出版社,1986:147-196.

[46] 瞿明安.中国饮食象征文化的深层结构[J].史学理论研究,1997(3):116-124.

[47] 殳俏.啤酒的异邦[J].三联生活周刊,2013-09-02.

[48] 王星.曾经位居神坛的啤酒[J].三联生活周刊,2011(24).

[49] 吴燕和.港式茶餐厅——从全球化的香港饮食文化谈起[J].广西民族大学学报(哲学社会科学版),2001,23(4):24-28.

[50] 肖坤冰.帝国、晋商与茶叶——十九世纪中叶前武夷茶叶在俄罗斯的传播过程[J].福建师范大学学报(哲学社会科学版),2009(2).

[51] 伊戈尔·科比托夫.物的文化传记:商品化过程[C]//罗钢,王中忱.消费文化读本.北京:中国社会科学出版社,2003:400-401.

[52] 余世谦.中国饮食文化的民族传统[J].复旦学报(社会科学版),2002(5):118-123.

三、中文译著

[1] [爱沙尼亚]卡莱维·库尔,[爱沙尼亚]瑞因·马格纳斯.生命符号学:塔尔图的进路[M].彭佳,汤黎,等,译.成都:四川大学出版社,2014.

[2] [比]布洛克曼.结构主义[M].李幼蒸译.北京:商务印书馆,1980.

[3] [比]约翰·思文,[美]德文·布里斯基.啤酒经济学[M].王烁,译.北京:中信出版社,2018.

[4] [德]恩斯特·卡西尔.人论[M].甘阳,译.上海:上海译文出版社,1985.

[5] [德]法兰兹·莫伊斯朵尔弗,马丁·曹恩科夫.酿·啤酒:从女巫汤到新世界霸主,忽布花与麦芽的故事[M].林琬玉,译.台北:大好书屋化,2016.

[6] [德]海德伦·梅克勒.宴饮的历史[M].胡忠利,译.广州:希望出版社,2007.

[7] [德]马克斯·霍克海默,西奥多·阿道尔诺.启蒙辩证法[M].渠敬东,曹卫东,译.上海:上海人民出版社,2006.

[8] [德]余凯思.在模范殖民地胶州湾的统治与抵抗[M].孙立新,译.济南:山东大学出版社,2005.

[9] [法]弗朗索瓦·多斯.从结构到解构:法国20世纪思想主潮:上卷[M].季广茂,译.中央编译出版社,2004.

[10] [法]亨利·列斐伏尔.空间与政治[M].李春,译.上海:上海人民出版社,2015.

[11] [法]居伊·德波.景观社会[M].王昭凤,译.南京:南京大学出版社,2006.

[12] [法]列维·斯特劳斯.野性的思维[M].李幼蒸,译.北京:商务印书馆,1997.

[13] [法]罗兰·巴尔特.符号学历险[M].李幼蒸,译.北京:中国人民大学出版社,2008.

[14] [法]罗兰·巴特.如何共同生活[M].怀宇,译.北京:中国人民大学出版社,2010.

[15] [法]米歇尔·福柯.词与物:人文科学考古学[M].莫伟民,译.上海:上海三联书店,2001.

[16] [法]让·鲍德里亚.消费社会[M].刘成富,全志钢,译.南京:南京大学出版社,2014.

[17] ［法］伊丽莎白·皮埃尔,安妮·洛尔范,梅洛迪·当蒂尔克.啤酒有什么好喝的 [M].吕文静,
译.北京:中信出版社,2017.

[18] ［荷兰］B.范霍夫.啤酒百科全书 [M].赵德玉,郝广伟,译.青岛:青岛出版社,2001.

[19] ［美］爱德华·霍尔.超越文化 [M].何道宽,译.北京:北京大学出版社,2010.

[20] ［美］波斯特.第二媒介时代 [M].范静哗,译.南京:南京大学出版社,2000.

[21] ［美］戴维·考特莱特.上瘾五百年 [M].薛绚,译.北京:中信出版社,2014.

[22] ［美］菲利普·费尔面德斯·阿莫斯图.食物的历史 [M].何舒平,译.北京:中信出版社,
2005.

[23] ［美］弗里德曼.食物 味道的历史 [M].董舒琪,译.杭州:浙江大学出版社,2015.

[24] ［美］杰弗里·M.皮尔彻.世界历史上的食物 [M].张旭鹏,译.北京:商务印书馆,2015.

[25] ［美］凯瑟琳·海勒.我们何以成为后人类:文学、信息科学和控制论中的虚拟身体 [M].刘宇
清,译北京:北京大学出版社,2017.

[26] ［美］克利福德·格尔茨.文化的解释 [M].纳日碧力戈,译.上海:上海人民出版社,1999.

[27] ［美］克利福德·吉尔兹.地方性知识:阐释人类论文集 [M].王海龙,张家瑄,译.北京:中央
编译出版社,2000.

[28] ［美］兰迪·穆沙.啤酒的科学:从酿酒到品酒的专业指南 [M].高宏,王志欣,译.北京:机械
工业出版社,2018.

[29] ［美］兰迪·穆沙.啤酒圣经 [M].高宏,王志欣,译.北京:机械工业出版社,2014.

[30] ［美］马文·哈里斯.好吃:食物与文化之谜 [M].叶舒宪,户晓辉,译.济南:山东画报出版社,
2001.

[31] ［美］玛格丽特·维萨.饮食行为学:文明举止的起源、发展与含义 [M].刘晓媛,译.北京:电
子工业出版社,2015.

[32] ［美］穆素洁.中国:糖与社会 农民、技术和世界市场 [M].叶篱,译.广州:广东人民出版社,
2009.

[33] ［美］山铎·卡兹.发酵圣经(上):蔬果、谷类、根茎、豆类 [M].王秉慧,译.台湾:大家出版社,
2014.

[34] ［美］山铎·卡兹.发酵圣经(下):奶、蛋、肉、鱼、饮料 [M].王秉慧,译.台湾:大家出版社,
2014.

[35] ［美］史蒂夫·欣迪.精酿啤酒革命 [M].骆新源,沈恺,赖奕杰,译.北京:中信出版社,2017.

[36] ［美］汤姆·斯丹迪奇.六个瓶子里的历史 [M].吴平,译.北京:中信出版社,2006.

[37] ［美］汤姆·斯坦迪奇.舌尖上的历史 [M].杨雅婷,译.北京:中信出版社,2014.

[38] ［美］西敏斯.甜与权力:糖在近代历史上的地位 [M].王超,朱健刚,译.北京:商务印书馆,
2010.

[39] ［美］享利·佩卓斯基.器具的进化 [M].丁佩芝,陈月霞,译.北京:中国社会科学出版社,
1999.

[40] ［美］约翰·罗宾斯.食物革命 [M].李尼,译.哈尔滨:北方文艺出版社,2011.

[41] ［美］约翰·麦奎德.品尝的科学 [M].林东翰,张琼懿,甘锡安,译.北京:北京联合出版公司,
2017.

[42] ［美］约书亚·M·伯恩斯坦.最爱啤酒 [M].吴嘉怡,厉陆丹,译.上海:上海科学技术出版社,

2016.

[43]　[日]财团法人日本啤酒文化研究会,日本啤酒杂志协会.开始享受啤酒的第一本书[M].张秀慧,译.台北:联经出版社,2015.

[44]　[日]镜味治也.文化关键词[M].张泓明,译.北京:商务印书馆,2015.

[45]　[日]藤原宏之.啤酒市集:最实用的啤酒品饮百科[M].代国成,译.北京:金城出版社,2011.

[46]　[日]田村功.Cheers!比利时啤酒赏味圣经[M].布拉德,译.台北:山岳文化出版,2015.

[47]　[日]篠田统.中国食物史研究[M].高桂林,薛来运,孙音,译.北京:中国商业出版社,1987.

[48]　[瑞士]费尔迪南·德·索绪尔.普通语言学教程[M].高名凯,译.北京:商务印书馆,1980.

[49]　[新西兰]温蒂·帕金斯,杰弗瑞·克莱格.慢速生活[M].闵冬潮,译.北京:人民文学出版社,2016.

[50]　[英]A.N.怀特海.宗教的形成:符号的意义及效果[M].周邦宪,译.贵阳:贵州人民出版社,2007.

[51]　[英]埃德蒙·利奇.文化与交流[M].卢德平,译.北京:华夏出版社,1991.

[52]　[英]埃文思-普里查德.努尔人对尼罗河畔一个人群的生活方式和政治制度的描述[M].褚建芳,阎书昌,赵旭东,译.北京:华夏出版社,2002.

[53]　[英]白馥兰.技术、性别、历史:重新审视帝制中国的大转型[M].吴秀杰,白岚玲,译.江苏:江苏人民出版社,2017.

[54]　[英]贝拉·迪克斯.被展示的文化[M].冯悦,译.北京:北京大学出版社,2012.

[55]　[英]菲利普·费尔南多-阿梅斯托.文明的口味 人类食物的历史[M].韩良忆,译.广州:新世纪出版社,2013.

[56]　[英]格雷戈里.礼物与商品[M].杜杉杉,姚继德,郭锐,译.昆明:云南大学出版社,2001.

[57]　[英]格雷格·休斯.自酿啤酒入门指南[M].李锋,译.北京:中国轻工业出版社,2017.

[58]　[英]杰克·古迪.烹饪、菜肴与阶级[M].王荣欣,沈南山,译.杭州:浙江大学出版社,2010.

[59]　[英]凯文·特雷纳.啤酒[M].赵德玉,张德玉,译.青岛:青岛出版社,2004.

[60]　[英]罗伊·莫克塞姆.茶:嗜好、开拓与帝国[M].毕小青,译.北京:生活·读书·新知三联书店,2010.

[61]　[英]玛丽·道格拉斯.洁净与危险[M].黄剑波,柳博赟,卢忱,译.北京:商务印书馆,2018.

[62]　[英]迈克·费瑟斯通.消费文化与后现代主义[M].刘精明,译.南京:译林出版社,2000.

[63]　[英]迈克尔·罗兰.历史、物质性与遗产[M].汤芸,张原,译.北京:北京联合出版公司,2016.

[64]　[英]梅莉莎·柯尔.啤酒百科[M].骆香洁,译.台北:一中心有限公司,2018.

[65]　[英]齐格蒙·鲍曼.流动的现代性[M].欧阳景根译.北京:中国人民大学出版社,2018.

[66]　[英]特纳.象征之林:恩登布人仪式散论[M].赵玉燕等译.北京:商务印书馆,2006.

[67]　[英]提姆·魏普,史提芬·波蒙.国家地理:世界啤酒地图[M].卢郁心,译.台北:大石文化出版社,2015.

[68]　[英]尤安·弗格森.从此开始喝精酿[M].吕文静,薛赫然,译.北京:中信出版社,2017.

四、外文论著

[1]　Anderson E N. Traditional medical values of food[J]. Food and culture: a reader, 1997:80-91.

[2] Ann Smart Martin, J. Ritchie Garrison. American Material Culture: The Shape of the Field[M]. Knoxville: University of Tennessee Press, 1997.

[3] Arjun Appadurai, ed.. The Social Life of Things: Commodities in Cultural Perspective[M]. Cambridge: Cambridge University Press, 1986.

[4] Armelagos G J. Reading the Bones[J]. Science, 2013, 342: 1291-1291.

[5] Babcock B A. Too many, too few: Ritual modes of signification[J]. Semiotica, 1978, 23 (3-4): 291-302.

[6] Bak S. McDonald's in Seoul: Food choices, identity, and nationalism[J]. Golden Arches East: McDonald's in East Asia, 1997: 136-160.

[7] Barth R. The Chemistry of Beer: The Science in the Suds[M]. Hoboken: Wiley, 2013.

[8] Bamforth, C. Brewmaster's Art: the History and Science of Beermaking[M]. Prince Frederick, MD: Recorded Books, 2009.

[9] Baum, D. Coors: How One Family Created a Beer Making Dynasty While Trying to Remake the Modern World[M]. NY: Morrow, 2000.

[10] Bennett, J. Ale, Beer and Brewsters in England: Women's Work in a Changing World, 1300-1600[M]. NY: Oxford U Press, 1996.

[11] Bostwick, W. The Brewer's Tale: a History of the World According to Beer[M]. NY: Norton, 2014.

[12] Braidwood R J, Sauer J D, Helbaek H, et al. Did man once live by beer alone[J]. American Anthropologist, 1953, 55 (4): 515-526.

[13] Brown, P. Man Walks into a Pub: a Sociable History of Beer[M]. London: Pan, 2004.

[14] Chang K. Food in Chinese culture[M]. New Haven: Yale University Press, 1977.

[15] Clifford Geertz. The Interpretation of Cultures[M]. New York: Basic books, 1973.

[16] Combrune, M. The Theory and Practice of Brewing[M]. London: J. Haberkorn, 1762.

[17] Coutts, I. Brew North: How Canadians Made Beer & Beer Made Canada[M]. Vancouver: Greystone, 2010.

[18] Damerow P. Sumerian beer: the origins of brewing technology in ancient Mesopotamia[J]. Cuneiform Digital Library Journal, 2012 (2): 1-20.

[19] DeLyser D Y, Kasper W J. Hopped beer: the case for cultivation[J]. Economic Botany, 1994, 48 (2): 166-170.

[20] Dietler M. Alcohol: Anthropological/archaeological perspectives[J]. Annu. Rev. Anthropol., 2006, 35: 229-249.

[21] Donaldson, M. Beer Nation: the Art & Heart of Kiwi Beer[M]. Auckland: Penguin, 2012.

[22] Dornbusch H D. Bavarian Helles: History, Brewing Techniques, Recipes[M]. Boulder: Brewers Publications, 2000.

[23] Douglas M. Constructive Drinking: Perspectives on Drink from Anthropology[M]. London: Psychology Press, 2003.

[24] Douglas M. Purity and danger: An analysis of concepts of pollution and taboo[M]. London: Routledge, 2003.

[25] Douglas M. The Meaning of Myth. With Special Reference to 'La Geste d' Asdiwal' [J]. The structural study of myth and totemism, 1967: 49-69.

[26] Farquhar J. Food, Eating and the Good Life[J]. Handbook of material culture, 2006: 145-160.

[27] Ferguson L. Historical archaeology and the importance of material things[J]. Washington, DC: Society for Historical Archaeology. Society for Historical Archaeology Special Publications Series, 1977 (2).

[28] Geller J. Bread and beer in fourth-millennium Egypt[J]. Food and FoodWAYs, 1993, 5 (3): 255-267.

[29] George Steinmetz. The Devil's Handwriting: Precoloniality and the German Colonial State in Qingdao, Samoa, and Southwest Africa[M]. Chicago: University of Chicago Press, 2007.

[30] Gerth K. China made: Consumer culture and the creation of the nation[M]. Harvard Univ Asia Center, 2004.

[31] Goody J. Cooking, cuisine and class: a study in comparative sociology[M]. Cambridge: Cambridge University Press, 1982.

[32] Heath D B. A decade of development in the anthropological study of alcohol use, 1970 - 1980[J]. Constructive drinking, 1987: 16-69.

[33] Homan M M. Beer and its drinkers: An ancient Near Eastern love story[J]. Near Eastern Archaeology, 2004, 67 (2): 84-95.

[34] Hornsey I S. A history of beer and brewing[M]. Cambridge: Royal Society of Chemistry, 2003.

[35] Hou S. Nature's Tonic: Beer, Ecology, and Urbanization in a Chinese City, 1900 - 50[J]. Environmental History, 2019 (2): 282-306.

[36] Joffe A H. Alcohol and social complexity in ancient western Asia[J]. Current Anthropology, 1998, 39 (3): 297-322.

[37] Katz S E. Wild fermentation: The flavor, nutrition, and craft of live-culture foods[M]. Chelsea Green Publishing, 2016.

[38] Katz S H, Maytag F. Brewing an ancient beer[J]. Archaeology, 1991, 44 (4): 24-27.

[39] Katz S H, Voigt M M. Bread and beer[J]. Expedition, 1986, 28 (2): 23-34.

[40] King, A. Beer Has a History[M]. London: Hutchinson's, 1947.

[41] Knoedelseder, W. Bitter Brew : the Rise and Fall of Anheuser-Busch and America's Kings of Beer[M]. N Y: HarperBusiness, 2012.

[42] Lévi-Strauss C. The culinary triangle[M]. Food and culture. London: Routledge, 2012: 54-61.

[43] Liu L, Wang J, Rosenberg D, et al. Fermented beverage and food storage in 13, 000 y-old stone mortars at Raqefet Cave, Israel: Investigating Natufian ritual feasting[J]. Journal of Archaeological Science: Reports, 2018, 21: 783-793.

[44] McGovern, P. E., Zhang, J., Tang, J., et al. Fermented beverages of pre-and proto-historic China[J]. Proceedings of the National Academy of Sciences, 2004, 101 (51), 17593-17598.

[45] Michel R H, McGovern P E, Badler V R. Chemical evidence for ancient beer[J]. Nature, 1992, 360 (6399): 24.

[46] Mintz S W. Sweetness and power: The place of sugar in modern history[M]. New York: Penguin, 1986.

[47] Mintz S W. Tasting food, tasting freedom: Excursions into eating, culture, and the past[M]. Boston: Beacon Press, 1996.

[48] Nelson M. The barbarian's beverage: A history of beer in ancient Europe[M]. London: Routledge, 2005.

[49] Pilcher J M. "Tastes Like Horse Piss": Asian Encounters with European Beer[J]. Gastronomica: The Journal of Critical Food Studies, 2016, 16（1）: 28-40.

[50] Pilcher J, Wang Y, Guo Y J. "Beer with Chinese Characteristics": Marketing Beer under Mao[J]. Revista de Administração de Empresas, 2018, 58（3）: 303-315.

[51] Samuel D. Archaeology of ancient Egyptian beer[J]. Journal of the American Society of Brewing Chemists, 1996, 54（1）: 3-12.

[52] Smith, G. Beer: A Global History[M]. London: Reaktion, 2014.

[53] Swislocki M. The Land of Five Flavors: A Cultural History of Chinese Cuisine[J]. Journal of Historical Geography, 2016（51）: 103-104.

[54] Tilley, Chris, et al., eds. Handbook of material culture[M]. London: Sage, 2006.

[55] Watley, J. Beer is Best: a History of Beer[M]. London: Owen, 1974.

[56] White M. Coffee life in Japan[M]. Berkeley: University of California Press, 2012.

[57] Willis, J. Potent Brews: a Social History of Alcohol in East Africa, 1850-1999[M]. Athens: Ohio U Press, 2002.

[58] Wilson T M. Drinking cultures: Alcohol and identity[M]. New York: Berg Publishers, 2005.

[59] Yang Z. "This beer tastes really good": Nationalism, consumer culture and development of the beer industry in Qingdao, 1903-1993[J]. The Chinese Historical Review, 2007, 14（1）: 29-58.

后 记

在外求学的这十几年,从北到南,奔波不停,我对时间的唏嘘喟叹与离别的忧伤却敌不过心中满满的感激之情。

感谢我的导师彭兆荣教授。彭老师是我一生学习的榜样。我学习的专业由汉语言文学和汉字符号学跨向人类学,承蒙彭老师不弃,引领愚钝且"半路出家"的我进入人类学领域。本书从前期准备、写作到多次的修改都离不开彭老师的悉心指导。彭老师严谨治学,言传身教,其中关于物的人类学研究对我启发很大,使我从符号学那里获得的关于物的认知在人类学关于物的研究方面得到了升华,有了脱胎换骨的转向。论文写作过程中,彭老师指导我完成多个挑战并度过多个写作的艰难的时刻,让我实现了符号学和人类学的学术转型,对此,我感激不尽。

同时,也要感谢我的硕士导师孟华教授培养了我的符号学视野和关于物的研究兴趣。

从恩师处所获,一生受益无穷。为师如父,恩重如山。师恩之重,学生永远铭记!

厦大求学岁月,还有许多老师需要感谢。张先清教授、宋平教授、邓晓华教授与董建辉教授是授业之师,张先清、石奕龙与王平三位教授都作为学术委员会的老师们为我的论文开题提出了宝贵意见。葛荣玲老师在我论文写作过程中多次给予建议和指导,有幸得到老师们的教导与帮助,感激之情溢于言表。陈锦英老师对我的学业发展给予了指导与帮助,在此深表感谢。

感谢在青岛田野期间给予我帮助的所有人们,感谢青岛啤酒研发中心主任尹花、生产部长田奇,刘先辉导演,彦建国、王音、林醒愚、胡晓柏、张森、李彦、郑焕良、刘泽栋等主要报道人为我提供大量材料,没有他们的帮助,本书难以完成。在青岛田野期间受惠于亲人与好友的无私帮助,原谅我无法一一写出,感恩之心常在。

同门、同窗、学友的爱护与帮助,是我博士求学期间的快乐之源。感谢我的同门师姐张颖、黄玲、尤明慧、葛荣玲、郑向春、魏爱棠、杨玲、崔旭;师兄吴兴帜、谭红春;师妹周毛、何庆华、刘旭临、余欢、戴洁茹;师弟朱鹏、赖景执等。感谢师兄师姐们对我学习上无私的帮助、指导与分享;感谢师弟师妹们对我在校期间学习和生活上给予的帮助和鼓励。由衷地感谢同窗姐妹王晓芬、杨娇娇,一路以来姐姐们的帮助、鼓励与陪伴,这份同窗之谊珍贵异常!

感谢我的爸爸妈妈,一别千里,归期遥遥。我难尽女儿的义务,却总让父母牵挂。我走过的每一步都凝聚着你们的心血,二十几年的求学生涯,因你们伟大的爱与奉献才让我不断前行至今。恩长笔短,尽在不言中。

于我,本书的完成仅仅是探知问学的伊始,诸多不足是今后继续修改的方向和努力的空间,唯有加倍努力。

时光不复,愿师长安康,诸友顺意。